生辰石生辰玉

—— 选购与佩戴

何雪梅 ◎ 主编

化学工业出版社

·北京·

每个人都有自己的生辰石和生辰玉，在寻求心灵寄托的同时，面目或绚丽、或温婉、或凝重、或和厚的珠宝玉石，怎样鉴别它们的真伪？怎样判定它们的价值？怎样搭配惊艳的效果？怎样保养"易受伤"的珍稀珠宝？

请跟随中国地质大学何雪梅老师，详细了解珠宝玉石背后的点点滴滴吧！

图书在版编目（CIP）数据

生辰石和生辰玉：选购与佩戴 / 何雪梅主编． — 北京：

化学工业出版社，2017.5

ISBN 978-7-122-29429-6

Ⅰ．①生… Ⅱ．①何… Ⅲ．①玉石－选购Ⅳ．

① TS933.21

中国版本图书馆 CIP 数据核字（2017）第 068904 号

责任编辑：邢　涛
责任校对：宋　玮　　　　　　　　　　装帧设计：韩　飞

出版发行：化学工业出版社（北京市东城区青年湖南街 13 号　邮政编码 100011）
印　　装：北京东方宝隆印刷有限公司
710 mm×1000 mm 1/16　印张 7¾　字数 200 千字　2017 年 5 月北京第 1 版第 1 次印刷

购书咨询：010-64518888（传真：010-64519686）　售后服务：010-64518899
网　　址：http://www.cip.com.cn
凡购买本书，如有缺损质量问题，本社销售中心负责调换。

定　　价：69.00 元

编写人员

主　　编　　何雪梅

副 主 编　　潘 羽　　董一丹　　苟智楠

参编人员　　吴璘洁　　陈泽津　　李 肇　　仇龄莉

　　　　　　贾依曼　　张 格　　张 欢　　许 彦

　　　　　　吴 帆　　陈孝华　　鲁智云　　白玉婷

　　　　　　李 佳　　陈 晨

本书主要编写人员

>>> 前 言
FOREWORD

历经千万年的历史演变，大自然赐予我们无数动人的礼物：清新的草木，奔腾的河水，美丽而稀有的珠宝玉石……随着社会文明的发展，美好的事物被赋予文化的象征意义，人类也因此获得富足的内心世界和精神财富，而这些礼物中最珍贵的便是珠宝玉石！

在璀璨夺目的宝石世界中，人类佩戴宝石，除了装饰以外，还对宝石赋予了深厚的情感和美好的寓意。西方人相信宝石具有魔力，对人的生死病痛、灾祸幸福、友谊爱情都有控制作用，视之为吉祥物，无论你出生在哪个月份，都拥有一种自己专属的"生辰石"。《圣经》里就曾描述过镶有十二颗宝石的护胸牌以及由十二种宝石修饰的耶路撒冷圣城城墙的十二根基石，甚全在星相学里，人们根据埃及和阿拉伯碑文的研究结果确定圣城城墙的每一种宝石都代表黄道十二宫中的一宫。公元 1562 年，始于德国和波兰的佩戴生辰石的风俗传遍欧洲乃至全世界，人们认为不同生辰的人佩戴各自的幸运宝石，将有更好的吉祥护身效果。不同的国家对生辰石有着不同的理解，因而出现了多种版本的生辰石品种与排序，其中美国首饰行业相关部门出于商业目的分别在 1912 年、1938 年、1952 年及 1957 年对生辰石系列进行了多次修改完善。2015 年国际彩色宝石协会（ICA）提出了最新的生辰石系列。

在地球的另一端，玉石作为人类文明的传播载体，其采集、运输、雕琢在八千多年漫漫历史长河中留下了浓墨重彩的一笔，同时见证着古老的东方文明不断升华、变迁，玉文化成为我国灿烂文明中最杰出、最不可或缺的一部分，"君子比德于玉"、"宁为玉碎，不为瓦全"等高风亮节流传至今，让人为之向往赞叹。

我国是玉石大国，玉石品种繁多，各具特色，文化内涵丰富，为了弘扬玉文化，传承华夏文明，自2015年起，何雪梅工作室开始酝酿将玉石与十二个月份相关联，希望国人能够拥有属于自己的"生辰玉"。经过仔细的考证推敲，何雪梅工作室于2016年1月推出全新的"生辰玉"概念，并将生辰玉体系陆续公开发布于"hxm-gem"微信公众平台。生辰玉系列一经推出，受到了广大读者的关注和肯定，并且不断被转发在许多网站和平台上。考虑到还有相当一部分读者喜爱纸质读物进行阅读，我们决定将"生辰石"和"生辰玉"两个系列进行整理并正式出版，以满足更多珠宝爱好者的需求。

本书根据2015年国际彩色宝石协会（ICA）公布的生辰石系列和经由何雪梅工作室推敲考证的中国生辰玉系列编写，力求科普性和文化性的兼顾统一。西方有"生辰石"，东方有"生辰玉"，生辰石和生辰玉是人与自然界中特定珠宝玉石与生俱来的缘分。愿《生辰石和生辰玉》一书为您的生活增添诗意与乐趣，愿多彩的珠宝玉石装点您的美好人生！

何雪梅

2017年1月

目 录 ▶▶▶
CONTENTS

 BIRTHSTONE 生辰石

BIRTH JADE 生辰玉

APPENDIX 附录

BIRTHSTONE

生辰石

——1月生辰石：石榴石

文 / 图：吴璘洁

人们一提到石榴石便能想起"火"，相信石榴石可以照亮黑夜。夜空中最亮的星，当属象征着幸运、友爱、坚贞和纯朴的一月生辰石——石榴石。

卡地亚（Cartier）蛇形装饰腕表，
蝴蝶镶嵌石榴石

石榴石在世界各地分布较广，主要有巴西、斯里兰卡、加拿大、美国、南非、缅甸、坦桑尼亚、肯尼亚、印度和中国等。在我国，江苏东海、四川、新疆和西藏等地均有宝石级石榴石产出。

那么，石榴石究竟是什么？常有人问，它属于水晶的一种吗？也有人爱将石榴石和碧玺相混淆，还有人会好奇为什么石榴石会有那么多种颜色……其实石榴石与水晶、碧玺截然不同。

【矿物组成】

　　石榴石是一种化学成分复杂的硅酸盐矿物，英文名称为 Garnet，意思是"像种子一样"，形象地刻画了石榴石从形状到颜色都像石榴中"籽"的外观特征，它是一个子类众多的大家族。

【分类】

　　石榴石化学组分较为复杂，根据所含元素不同划分为铝质和钙质两大系列，共 6 个品种：铝质系列（镁铝榴石、铁铝榴石、锰铝榴石），钙质系列（钙铝榴石、钙铁榴石、钙铬榴石）。通常呈红色调的石榴石为铝质系列，而呈绿色调的为钙质系列。

　　现在可以为大家解释为什么石榴石颜色那么丰富了。正是因为所含元素有差别，石榴石的颜色才会不尽相同。

镁铝榴石（左）与锰铝榴石（右）

● 铝质系列

　　大家在市场上最常见到的石榴石常为褐红、暗红色，它们都是铁铝榴石。而相对优质的带有紫色调的为镁铝榴石。呈橘红或橘黄色的为锰铝榴石。

沙弗莱石

● 钙质系列

　　呈黄绿色调的为钙铝榴石，大家也一定听说过"沙弗莱石"，其实，"沙弗莱石"就是透明的翠绿色钙铝榴石。

不同色调的翠榴石

　　最后不得不说石榴石中的"贵族"——翠榴石，它属于钙铁榴石，钙铁榴石颜色以黄、绿、褐、黑为主，而含铬元素的绿色者才称为翠榴石。颜色纯正的翠榴石往往可以跻身到高档宝石之列。

　　有些石榴石会因成分或结构的因素而具特殊光学效应，形成星光石榴石和变色石

榴石。变色石榴石在日光下呈蓝绿色或黄绿色，白炽灯下
呈紫红色或橙红色，属名贵品种，主要产于东非。

四射星光石榴石

【关于选购】

了解了石榴石之后，我们再从选购的角度给大家一些
建议。

变色石榴石

● **特别关注石榴石的颜色**

选购石榴石时，要注意选择颜色鲜艳自然、明度高、
光泽强的石榴石。对于成串的石榴石饰品还要注意整串宝
石的颜色是否协调一致。

要特别注意，颜色如果异常鲜艳、价格又特别诱人的"石
榴石"，这些"石榴石"很可能有问题。

● **关注石榴石的净度**

选购石榴石饰品时，可以用强光照射并观察石榴石晶体内部，尽量选择内部纯净，
杂质、裂纹少的宝石。内部缺陷除了影响其透明度，对宝石的稳定性也有所影响，购
买时应多加考虑。

如果是星光石榴石，还要注意挑选星光明亮、星线清晰完好的宝石。

● **关注石榴石粒度与切工**

大多数石榴石粒度越大，其透明度相对越低，因此，消费者在购买时可根据自身
喜好和财力预算选择大粒度或透明度好的宝石。

对于作为戒面或吊坠的大颗粒石榴石，还要注意其切工质量，消费者应仔细观察
宝石的边缘棱线是否有缺损和断口，以及表面是否存在抛光不良等现象。

作为一月生辰石，石榴石的坚贞和纯朴让人们有足够勇气面对未来，其象征的友
爱与幸运佑护人们应对生存与挑战。年初的时光匆匆，期待夜空中的星再次照亮黑夜，
荣耀人生。

——2 月生辰石：紫水晶

文 / 图：白玉婷

【美丽的传说】

相传酒神巴斯卡有一次酒后恶作剧，将一名叫作阿麦斯特的少女推到一只猛兽面前，女神戴安娜不忍少女遭残害，便将其变成了一块白色的雕塑。这时巴斯卡酒醒了，后悔不已，并被少女的雕像深深地迷住，他伤心之时手中的葡萄酒不慎洒落到雕塑上，此时雕像居然幻化成美丽的紫水晶。为弥补自己的过失，也为了纪念这位少女，酒神便以少女的名字"AMETHYST"来命名紫水晶。因紫水晶中深藏着酒神的惭愧和内疚，所以就流传着用紫水晶杯子喝酒会有酒神守护、千杯不醉的说法，因此紫水晶在古希腊语中为"不醉酒"的含义。酒神为少女的雕塑所倾倒而产生丝丝爱意更赋予紫水晶象征爱情的含义，增添了一抹神

迪奥（Dior）紫水晶戒指

秘而美丽的色彩。由于情人节正处于二月，紫水晶自然而然地成为了爱情的守护石，象征浓浓的爱意与和睦的婚姻。

【您真的了解"我"吗？】

紫水晶，顾名思义为紫色的水晶。水晶是自然界中古老的宝石之一。在数亿年前，富含二氧化硅的热液脉在一定的温压条件下充填地壳中的裂隙而缓慢沉淀结晶成柱状的水晶晶体。紫水晶是水晶家族中的贵族，人们在高山裂缝、浅成低温热液脉、花岗质岩石中的矿化腔及玄武熔岩的晶洞中均可发现紫水晶的身影。

紫水晶晶簇

紫水晶的化学成分为二氧化硅，属三方晶系，摩氏硬度为 7，玻璃光泽，折射率 1.544~1.553。紫水晶神秘梦幻的紫色是因其含有微量铁元素所致，其颜色深浅不一，可呈淡紫、紫红、深紫、蓝紫等颜色，其中以深紫红、深紫色为最佳，正如《博物要览》中所描绘的那般："色如葡萄，光盈可爱"。绝大多数的紫水晶颜色较浅，若经过天然地热高温的作用，其中部分晶体有可能慢慢褪为黄色，成为紫黄晶。

紫黄晶裸石

【世界是"我"家】

作为水晶家族身价最高的种类，紫水晶的产地很多，主要有乌拉圭、巴西、韩国、赞比亚和中国等，其中乌拉圭、巴西是两个主要的优质紫水晶产地（通常产出于玄武熔岩的晶洞）。

● 乌拉圭

乌拉圭是产出成色较好紫水晶的地区，所产的紫水晶色浓且娇艳，伴有酒红色的"闪光"，多呈最高级的紫色调，因此常被奉为珍贵的上品。由于该地区很多矿点已经停产，因此其价格不断攀升。

乌拉圭紫水晶

● 巴西

巴西是个水晶王国，其水晶储量、年产量及出口量均占世界总量的 90% 左右。市场上的紫水晶多来自于巴西。巴西所产的紫水晶颜色从浅到深范围较广，既有非常浅的紫色，也有色调鲜艳的佳品，还有微带黑色调的深紫色，甚至还有偏蓝的紫色。由于巴西紫水晶的品级参差不齐，因此价格范围也较大。

巴西紫水晶

● 韩国

韩国的紫水晶颜色通常较深，大多数偏蓝紫色，虽也娇俏动人，但不如乌拉圭紫水晶浓艳。韩国紫水晶的产出量近年来也在下降，且出口受到了限制，因此成色上乘者价格较高。

● 赞比亚

赞比亚产出的紫水晶紫中带红，而且色泽光亮，色调奇异，虽透明度一般，但因产量较少，总体来说价值也比较高。

● 中国

我国的山西、内蒙古、河南和山东等地均有紫水晶产出，通常颜色较浅，品级一般，其产出量在世界上也占有一定的份额。

【百变的"我"】

在十八世纪之前，紫水晶作为最珍贵的宝石之一，其价值曾与钻石、蓝宝石、红宝石、祖母绿相当。到了十九世纪中期，欧洲移民在巴西等地发现了大规模的紫水晶矿床，数以亿吨的紫水晶被运回欧洲，使其价格一落千丈。目前，虽然紫水晶属于中低档宝石，但其中重达数十克拉且色泽浓艳纯净者仍可列入收藏级。品级较好的紫水晶通常会被商家切磨成刻面型，用于镶嵌首饰或收藏；品级稍次者可磨成弧面或打磨成珠，多用于镶嵌或打孔穿串制成项链、手链等。

我们可以在很多品牌珠宝的作品中看到紫水晶的身影，花式切割与独特设计为紫水晶增添了梦幻的魅力。

直到今天，位于梵蒂冈的罗马大教堂的主教们在盛典时都要郑重地佩戴紫水晶戒指，并在宗教典礼时用高足的紫水晶酒杯来斟酒。紫水晶因其神秘而高贵的颜色，成为了奢华与地位的象征。

【您怎样认出"我"？】

天然紫水晶水润透明，仔细查看内部会发现其含虎斑纹状、云雾状、棉纹等不均匀现象或絮状展布的气液包裹体，但品质极优的紫水晶内部也可能极为纯净。人工合成紫水晶绝大多数内部非常干净，偶见星点状气液包裹体、"尘"状包裹体等。

天然紫水晶往往颜色不均匀，会呈现

迪奥（Dior）紫水晶高级珠宝腕表

Bina Goenka 紫水晶手镯

紫水晶高足杯

出色带或色块。色带的宽窄和间距不一，有时可呈角状交叉。而合成紫水晶颜色均匀，浓艳且呆板，偶见色带，且其排列较为规则并无交叉现象。

一月梦归去，二月情浓时。紫晶浮幻世，华贵九重天。

紫水晶，大自然中最优雅高贵的晶体使者，为二月带来了爱与温暖、生机与希望。让我们张开心灵的羽翼，来迎接二月的华美吧！

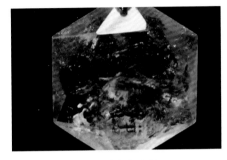

紫水晶内部包裹体

Farah Khan 紫水晶耳环

迪奥（Dior）紫水晶高级珠宝腕表

——3月生辰石：海蓝宝石

文 / 图：李擘

　　在古希腊的传说中，海蓝宝石可以与海洋的灵魂相通，人们在海蓝宝石上雕刻海神的肖像，加以膜拜供奉。海蓝宝石长期以来被人们奉为"勇敢者之石"，并被看成幸福和永葆青春的标志，世界上许多国家把海蓝宝石定为"三月生辰石"，象征沉着、勇敢和聪明。

海蓝宝石戒指

　　海蓝宝石的英文名称为 Aquamarine，其中 Aqua 是水的意思，Marine 是海洋的意思。这与她清新迷人的蓝色调相互辉映。蓝色非常纯净，表现出美丽、冷静、理智、安详与广阔之意，美丽的海蓝宝石，让人看了觉得神清气爽，忘掉忧伤！

【矿物组成】

海蓝宝石与五大名贵宝石之一的祖母绿一样，都来自绿柱石家族。有趣的是不同于祖母绿葱郁的绿色，微量元素 Fe^{2+} 使海蓝宝石呈海水一般的颜色。大多数海蓝宝石呈浅蓝微带绿色调，颜色如度假胜地的浅海，让人爱不释手。虽同属一个家族，但祖母绿的价格高于海蓝宝石。不过自然是公平的，海蓝宝石的净度普遍较好，产量也比祖母绿大，且常有大颗粒高品质的宝石出产，即使是普通消费者，也有能力拥有一颗上等品质的海蓝宝石。

海蓝宝石耳坠

【产地】

世界上最著名的海蓝宝石产地在巴西的米纳斯吉拉斯州，此地所产的海蓝宝石颗粒完整且纯净，颜色常令人惊喜，其中最优质者呈现明洁的艳蓝色，尤其让人陶醉。除此之外，尼日利亚、赞比亚、马达加斯加、莫桑比克、阿富汗、巴基斯坦和中国等国家均有海蓝宝石产出，其中我国海蓝宝石的主要产地为新疆阿尔泰、云南哀牢山、四川、内蒙古、湖南、海南等。

【鉴别】

目前市场上与海蓝宝石相似的宝石品种主要有蓝色托帕石、蓝色锆石等。

蓝色托帕石

海蓝宝石

海蓝宝石的相对密度比托帕石小，手感较轻，而且海蓝宝石多为微带绿色调的蓝色，蓝色托帕石一般为辐照改色，其色调相对更加纯正。

锆石的相对密度较大，色散较强，表

面光泽强，并且可以看到明显的重影。

【选购】

海蓝宝石的浅蓝色明澈、优雅但不轻佻，非常易于搭配服饰，价格也比较亲民，在市场上非常受欢迎，那么，究竟该如何选购海蓝宝石呢？请从以下几个方面进行考量。

梵克雅宝 Peau d'Ane 系列高级珠宝

● 颜色

大多数海蓝宝石都是淡淡的蓝色，因此颜色较蓝、略带绿色的海蓝宝石就是个中极品。

● 净度

海蓝宝石具有特征的针状内含物，选购时，内部无瑕或少有冰裂和棉絮的海蓝宝石价值较高。

● 重量和切工

由于大多数海蓝宝石的颜色并不浓烈，如果粒度太小就不能很好地展示它的颜色，相同的成色，大颗粒的宝石的蓝色调会显得更加浓艳。同样，优秀的切工会将宝石的颜色很好地表现出来，使宝石晶莹璀璨。真正有收藏价值的海蓝宝石一般体积都较大，只有颗粒度较大的才能展现海蓝宝石的色泽，才有较高的升值潜力。

取自海水之精华，三月生辰石——海蓝宝石赐予人们勇气、幸福与聪慧，享受生活的无尽曼妙。

——4 月生辰石：钻石

文 / 图：白玉婷

　　四月春风徐来，也为我们迎来了宝石界的王者至尊——钻石。几个世纪以来，钻石纯净而高贵的绚美令人赞叹，逐渐成为每个女人都渴望拥有的宝物。

　　钻石的英文名"diamond"，源自希腊文"adamas"，意谓不可征服，这是由于钻石的外形酷似两个金字塔倒扣在一起的八面体形态。公元前几百年，钻石首次在印度被发现，当时人们看重其驱邪的法力多于漂亮的外表，视之为护身符，传说佩戴它可免受毒蛇、猛火、恶疾及盗贼的侵害，更可服妖降魔。

【璀璨起源】

　　2800 年前，钻石被发现于印度克里希纳河及彭纳河流域的沉积物的石子中，一个孩童不小心踩在上面，从而发现了美丽的钻石，便自此揭开了钻石一页页辉煌的历史篇章。

钻石一路从远古走来，回首望去，在那个特定的历史时期里充满了积极的探索和强有力的征服。钻石戒指作为定情信物，可以追溯到 1477 年，奥地利的马克西米连大公送给法国勃艮第的玛丽公主一只钻戒，从此开启了赠送钻石订婚戒指的先河。

人们将纯净、璀璨、坚不可摧的钻石与今生永不变的爱情联系在一起，把钻石作为表达爱意的最佳礼物。"钻石恒久远，一颗永流传"，国际钻石业中著名的跨国公司——戴比尔斯，为了打动世界的芳心，推出了 "A diamond is forever" 的经典口号，使得钻石成为永恒爱情的象征而风靡全球。

钻石是坚贞不渝婚约的象征，权力与财富的化身，传递真挚情感的纽带，被誉为四月的生辰石和结婚 60 周年的纪念石。

【王者之由】

在宝石的世界里，钻石堪称"宝石之王"，千百年来其地位无可撼动。

自然界所有宝石中，唯有钻石是由单质碳组成的。

钻石外观亮丽、光泽璀璨、动人心魄，在宝石界中备受人们关注和喜爱。

俗话说"不是金刚钻，别揽瓷器活"——在所有宝石品种中，钻石的摩氏硬度为

钻石原石

切磨好的标准圆钻型

10，位居宝石之首，可用来切割其他所有
宝石。

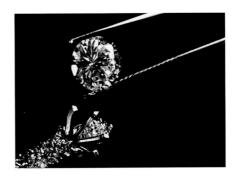

不管历经多少岁月，钻石凭借其超稳定的化学性质（耐强酸、强碱）依然保持着原来的模样，不畏腐蚀，不惧风霜，这一特性是其他任何宝石或金属无法与之相媲美的。

物以稀为贵，钻石的产出极为稀少故而珍贵，每250吨矿石中才能产出1克拉（1克拉=0.2克）钻石，平均产出率为1:1250000000。

在世界宝石贸易中，钻石的销售额位列众宝石之首。不仅如此，钻石同黄金一样作为国家财富的标志，归入战略储备之中，由此可见它的珍贵。

【美，不只一面】

完美切割的钻石能够将进入钻石的光线最大程度地从内部反射出来，闪烁出最璀璨的光芒。

钻石原石常呈现天然的八面体、菱形十二面体及它们的聚形。

从十四世纪开始，切割工匠将钻石设法磨出尖顶。

十五世纪，钻石切割出现台面。

完美切割的钻石

钻石原石

十四世纪钻石切工　　　　　　　　"玫瑰式"切工　　　　　　　　圆明亮式切工

到了十六世纪，玫瑰式切割开始出现，这种切割样式一直延续到十九世纪。

明亮式切割的出现是钻石切割的一大进步，使钻石拥有更明亮的火彩。

现代的"丘比特式"切割，通过观测镜，从钻石正上方俯视，可以看到大小一致、光芒璀璨且对称的八支箭，从钻石的正下方观看则呈现出完美对称、饱满的八颗心，我们称之为"八心八箭"切工。无论从任何角度，都能看到钻石最璀璨最耀眼的光芒，它的八颗心和八支箭折射出的爱情意义，无与伦比而又妙不可言，就像爱神丘比特的来访，通过心与箭的映照，让人怦然心动，代表着爱情坚定不移。

"八心八箭"切工的钻石

美国加州一个叫丹麦村的小镇里，有一个关于钻石的美妙传说：每颗钻石都是女人上辈子留下的珍贵眼泪，此生她要找回她的眼泪才能真正迎接幸福。因此，当一枚钻石以爱的名义戴回到她们身上时，便会为她们洗涤悲伤，阻挡厄运，迎来幸福。

岁月静好，却也总会轻轻地模糊了尘事，销蚀了记忆，但永远带不走钻石那不朽的绚丽与纯净，因为它被爱神定格在永恒的四月，生生世世，永不褪却。

——5月生辰石：祖母绿

文 / 图：陈泽津

　　上穷碧落，苍翠欲滴——作为五大名贵宝石之一的祖母绿，是生机勃勃的五月的生辰石，结婚55周年信物，象征着春意盎然、生命与活力、平安与幸福。也因它的雍容华贵、色彩纯正，被誉为"绿色宝石之王"。无论白天夜晚，无论晴天阴天，它那一抹绿都是其他宝石不可比拟的。

迪奥（Dior）祖母绿耳坠

【传说与起源】

　　《圣经》曾提到祖母绿，其中所罗门歌称"耶路撒冷的妇儿们，这是我的所爱，这是我的朋友！他的双手如同祖母绿装饰的金环"，相传耶稣最后晚餐时所用的圣杯就是用祖母绿雕制成的。在古希腊，祖母绿是献给希腊神话中爱和美的女神维纳斯的高贵珍宝，几千年前的古埃及和古希腊人也喜用祖母绿做首饰。中国人对祖母绿也十分喜爱，明、清两代帝王尤喜祖母绿，有"礼冠需猫睛、祖母绿"之说。

很多年轻人因为祖母绿的名字里有"祖母"二字，对其望而却步。其实不然，祖母绿其名称源自波斯语 Zumurud，意为"绿宝石"，逐渐演化成拉丁语 Smaragdus，而后英文拼写为 Emerald，汉语名称是波斯语的音译。古代人认为祖母绿具有增强人们品性的奇异性能，持有祖母绿的人将具有超自然的预言未来的能力，并能增强记忆和辩论能力，使持有者才思敏捷，更加忠诚，并能防止病灾。有古人深信祖母绿能使浪费的人变得节俭，从而使他们更为富裕。

祖母绿王冠

穆卧尔王朝时期的哥伦比亚祖母绿

祖母绿是绿柱石家族最高贵的一员，与海蓝宝石、摩根石等构成了多彩的大家庭。现存世界上最大的雕刻祖母绿是神秘高贵的印度莫卧尔王朝时期的哥伦比亚祖母绿，重达 217.8 克拉，收藏于卡塔尔国家博物馆。哥伦比亚是久负盛名的优质祖母绿的主要产地，除此之外，俄罗斯、巴西、印度、坦桑尼亚、赞比亚等地也有祖母绿产出。

伊丽莎白·泰勒的祖母绿项链

【红毯与明星】

祖母绿碧绿澄澈的色调令很多明星对它情有独钟。祖母绿高贵典雅的气质亦使得它成为明星红毯上的常客。

伊丽莎白·泰勒，身为一代珠宝女王，她佩戴祖母绿珠宝上镜无数，均是世界上最知名的祖母绿珠宝。

安吉丽娜·朱莉可谓是祖母绿最忠实的粉丝，各大颁奖礼上的她都喜欢选择最简洁的衣物搭配祖母绿首饰，相得益彰。

祖母绿用它无穷的魅力，成为了明星、名媛在各大盛典上吸人眼球的法宝。毋庸置疑，在宝石王国里祖母绿便是万人仰慕的天皇巨星。

安吉丽娜·朱莉的祖母绿耳坠

【评价与鉴定】

对祖母绿的评价通常是：颜色、净度、切工、重量。

祖母绿戒面

● **颜色**

分布要均匀，不带杂质，以纯正的中、深绿色为好（不偏蓝、不偏黄）。

● **净度**

内部杂质、裂隙、瑕疵少，表面无划痕为佳。

● **切工**

必须符合比例，各种加工面要规整，对称度要好。

● **重量**

以克拉计，克拉数越大，越珍贵稀有。

祖母绿通常呈玻璃光泽，浅到深的绿色，有时还可带有蓝绿和黄绿色调，并具有中等至强的二色性。它的折射率为 1.577~1.583，摩氏硬度为 7.5~8，相对密度 2.72，这些均是区别于其他相似宝石（如翡翠、铬透辉石、绿石榴石等）的重要宝石学数据。除此之外，它们的颜色（色调、饱和度）、结构、内部的特征包裹体也都有很大的差异。

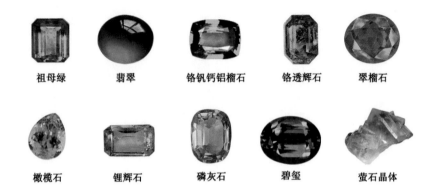

| 祖母绿 | 翡翠 | 铬钒钙铝榴石 | 铬透辉石 | 翠榴石 |

| 橄榄石 | 锂辉石 | 磷灰石 | 碧玺 | 萤石晶体 |

祖母绿及其相似品宝石对比

合成祖母绿

当然，还有合成祖母绿。它与天然祖母绿最显著的不同是，彼此有完全不同的包裹体。天然祖母绿中含有多种矿物包裹体；而合成祖母绿则可能含有钉状包裹体（水热法）和合成中残余的助熔剂包裹体（助熔剂法）等。

此外，无论在长波还是短波紫外光下，合成祖母绿的荧光均强于天然祖母绿且呈强红色。

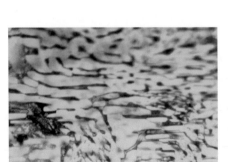

合成祖母绿助熔剂残余包裹体（助熔剂法）

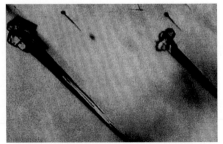

合成祖母绿中的钉状包裹体（水热法）

【保养与佩戴】

祖母绿与碧玺、红宝石一样属于"十宝九裂"的宝石品种，通常都会有裂隙，为使其天然美质得到提升，增加它的价值，人们对一些裂隙较多的祖母绿用无色油浸注来进行优化，使其完美。这种优化方式亦被商家和消费者所接受。由于祖母绿较脆，怕高温，佩戴和保存时要十分注意。另外，不可用超声波清洗机来清洗祖母绿饰品。

祖母绿是高贵的象征，不应只凭大小来论优劣，而是要持有对高品质祖母绿的向往，这种向往会使您的行为举止更加高贵优雅。

"树绿晚阴合，池凉朝气清。"在这春夏交接的五月，祖母绿与这自然景色交相呼应，无论是漫步在公园，还是疾走在路边，那随风摇曳的枝干上挂的仿佛就是一片一片祖母绿，给人带来阴凉的同时，让人不由得心神安宁，充满希望。我想也正是这神秘的绿色，使得祖母绿我见犹怜，为世人所追捧和喜爱。

祖母绿项链

祖母绿戒指　　　　　祖母绿手链　　　　　祖母绿耳坠

—— 6 月生辰石：珍珠、月光石

文 / 图：潘羽

夏雨一场，伞下的人提灯而去，清凉浸染心间。因其看不尽人世繁华，月亮流下哀伤的泪滴，幻化成珍珠，珠光无瑕，纯洁优雅。雨后的水流潺潺而至，倒映着温婉的光晕，集结成温柔与神秘的月光石。六月，宁静而和谐。

珍珠项链

【珍珠篇】

珍珠是历史最悠久的珠宝之一，在古代是财富与地位的象征。在欧洲著名的"珍珠时代"，英国王室曾立法规定：除王室外，一般人不得佩戴珍珠。在中国清代，珍珠成为皇家专属珠宝，皇帝佩戴的顶珠就是由珍珠制成。此外，古时中国人喜欢在婚嫁时，以珍珠作礼，表示圆圆满满。

英国王妃戴安娜嫁入英国王室后得到的第一

份礼物就是珍珠首饰。

英国前首相撒切尔夫人特别喜欢珍珠，她认为珍珠是使妇女仪态优美的必备珍品。她戴珍珠十分讲究，有时早上见外宾佩戴一串珠链，下午见贵客佩戴两串珠链，晚上见友好人士时佩戴三串珠链。

国际珠宝界将珍珠列为六月生辰石。珍珠端庄大方、艳而不媚、华而不俗，是谦逊和纯洁的象征，代表着幸福美满的婚姻，是结婚三十周年的纪念石。

珍珠的英文名称为 Pearl，是由拉丁文 Pernulo 演化而来的。珍珠的另一个名字是 Margarite，由古代波斯梵语衍生而来，形象地说明了珍珠的起源——大海之子。

珍珠的分类

目前市场上的珍珠按照水域主要分为淡水珍珠和海水珍珠（南洋珍珠、大溪地珍珠、日本海水珍珠）。

淡水珍珠

● 淡水珍珠

常见颜色有浅黄、白、粉、灰、紫黑色等，常见的形状有纽扣形、玉米形、异形、椭圆形等，直径多在 3~12mm。产量占全世界的 80%，每年中国都举办中国（国际）珍珠节。

● 南洋珍珠

指产于南太平洋海域沿岸国家的海水珍珠，主要产地有澳大利亚、印度尼西亚和菲律宾等地。因生长在巨大的白蝶贝中，产出大小最大可至 20mm，比其他种类的珍珠个头都大，一般在 10~13mm，超过 15mm 的南洋珍珠稀少而珍贵。

御木本（Mikimoto）珠宝

● 大溪地珍珠

Tahitian Pearl，又称塔希提珍珠，产于南太平洋法属波利尼希亚群岛的珊瑚环礁。因占世界黑珍珠产量的95％左右，大溪地珍珠几乎成为黑珍珠的代名词，其体色可从浅法兰绒色到暗灰色，也可呈紫、绿、蓝、褐色，带孔雀，浓紫，海蓝色等，彩虹色伴色者最受关注。大溪地珍珠直径一般在8~16mm，14mm以上的质优者相当珍贵。

大溪地珍珠

● 日本海水珍珠

又称Akoya珍珠，产自日本南部沿海港湾地区，通常大小为5~8mm，圆形或半圆形，呈白色、白玫瑰色及金黄色。

挑出品位来

每个女人一生中，一定要有一条真正属于自己的珍珠项链。女人因珍珠而优雅。珍珠评价则看：颜色、大小、光泽、形状、光洁度和珠层厚度。

日本海水珍珠

● 颜色

White　　Black　　Pink　　Golden　　Purple

从左到右依次为白色、黑色、粉色、金色和紫色的正色珍珠淡水珍珠的颜色常见于白色、粉色和紫色，而海水珍珠常见于白色、灰色、金色以及黑色。多种体色挑你所爱。色正为上。

不同尺寸的珍珠

● **大小**

珍珠由于在贝、蚌的体内自然形成而大小不一，"七分为珠，八分为宝"。一般直径6mm以下的珍珠不被列入珠宝级珍珠的范畴,7~9mm为消费者所普遍喜爱,10mm的珍珠已经难得,11mm以上的则只有南洋珍珠和黑珍珠了,13mm以上可谓罕见。单粒珍珠，珠径越大，价值越高。江、河生长的蚌中产出的淡水珍珠，8mm以上的圆珠仅占产量的1%。与之相对，海水珍珠可见11mm以上的圆珠。

● **光泽**

光泽就是珍珠的灵魂，无光、少光的珍珠就缺少了灵气。挑选珍珠项链时，将珍珠项链平放在洁白的软布上，优质珍珠表皮映像可以看到人的倒影。同等级别的珍珠，海水珍珠光泽要比淡水珍珠光泽亮丽。

从左到右，光泽依次减弱

● **形状**

又称圆度，珠圆玉润，珍珠越圆价值越高。一般海水珠的圆度要比淡水珍珠的圆

从左到右，由正圆到随形

度好。淡水珍珠项链在市面最为普遍，但凡扁圆、椭圆的珍珠项链都比较便宜，近圆者价格稍高，正圆珍珠项链则具有较高的价值。

● 光洁度

由于珍珠的生长环境各异，珍珠表面一般会有螺纹、斑、印、坑、点。这些瑕疵的大小、颜色、位置以及多少决定了珍珠的光洁度。珍珠瑕疵越少，价值也越高。一串珍珠项链不可能每一颗都那么完美无瑕，一般在 0.5 米远处看不到瑕疵即可。

从左到右，瑕疵逐渐明显

● 珠层厚度

海水珍珠具有呈同心层状或同心层放射状的珍珠层，其厚度为珠核外层到珍珠表面的垂直距离，越厚则价值越高。

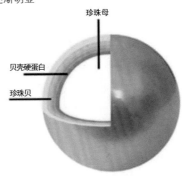

珠层结构

浩瀚烟波里，我怀念，怀念往昔。外貌改变，处境改变，情怀未变。春赏百花，秋吟月，夏抚凉风，冬听雪。如果说钻石是姑娘最好的朋友，那么珍珠，则为女人的高贵完美而打造，精致与优雅，即使跨越岁月也不曾蒙尘。

【月光石篇】

月光石不同于珍珠的优雅，她神秘而柔和，三百多年前，她安静地沉睡在印度莫卧儿王朝的阿克巴大帝与他挚爱的珠妲公主的首饰中，那月亮光芒凝结的气息引来无数恋人的目光。印度传说中，人们相信月光石是具有月之神力的圣石，月圆的时候，佩戴月光石可招来美好如月光般的浪漫爱情。在美国，印第安人视月光石为"圣石"，

是六月生辰石，也是结婚十三周年的纪念
宝石。

月光效应所赋予月光石的独特气质
仿佛是在一杯清水中滴入两三滴牛奶，月
光石表面最让人心动的蓝色晕彩，会随着
光线或视角的变化释放着柔和而迷人的光
芒。早在两千多年前的古罗马时代，罗马
人就已经使用月光石作为首饰了，从 19

月光石镶嵌首饰

世纪开始，市场上出现了无数令人浮想联翩的月光石首饰。

月光石中同时含有正长石和钠长石两种成分。两种矿物交互生长形成的互相平行
交错的结构使得光线进入宝石内部时发生散射和干涉，从而在宝石表面形成了一层蓝
白色的光晕，这就是月光石的月光效应。

月光石底色除了无色透明的白色外，还有黄色、绿色或者暗褐色，依其月光晕彩
的颜色主要可分为蓝月光石、黄月光石和白月光石，随月光石层理构造的长石矿物不
同而有所差异。

● 蓝月光石

透明的底色略带蓝色晕彩，是月光石中价值最高的品种。

● 黄月光石

颜色温润，偏土黄色，价值仅次于蓝月光石。

● 白月光石

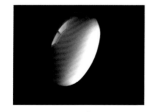

蓝月光石　　　　　　　　黄月光石　　　　　　　　白月光石

在晕彩方面稍逊于蓝月光石和黄月光石,通体呈乳白色。

在市场上,对月光石有玻璃体和奶油体之分,这是因为月光石中正长石和钠长石的比例不同所致。在这两种成分中,正长石成分较高,则宝石体质更为透明;而钠长石的成分较高,则使宝石显得更为温润,呈半透明的牛奶质感。优质的玻璃体正长石月光石主要产地为瑞士亚达拉山脉,斯里兰卡麻粒岩岩脉,而奶油体月光石多产自美国弗吉尼亚州。

玻璃体月光石

奶油体月光石

月光石的质量评价

月光石的品相跟其他宝石基本相同,都是以颜色晕彩、透明度、内含物、缺陷与否及颗粒大小作为评价与选购的依据。

颜色晕彩:"月色"要明亮,且蓝色闪烁,光彩浑厚。晕彩以蓝为上品,黄色、白色次之,蓝光越闪耀而明显者越佳,晕彩的位置以处于宝石观赏面的中心为佳。

透明度:晶莹剔透,越透明质量越好。

质地:纯洁干净,无瑕疵者为佳。

工艺:切工完美,比例对称,光晕完全展现者为佳。

盛夏的力量坚定又温柔,正如六月的生辰石——珍珠和月光石。它们代表着女人的淡雅,却透着独有的天真和韧性。希望珍珠独一无二的光泽和月光石含蓄温润的气质,为您的生活带去润泽和希望。

——7月生辰石：红宝石

文 / 图：陈泽津

红宝石的英文名Ruby，它炙热的红色使人们总把它和热情、爱情联系在一起，被誉为"爱情之石"，象征着热情似火，爱情的美好、永恒和坚贞。因此，红宝石不仅是七月的生辰石，同时也是结婚40周年的纪念石。

红宝石原石

在圣经旧约《出埃及记》中，就详细记载了听从耶和华晓谕而制出的圣袍及胸牌，该胸牌呈方形，共四份三排，代表12支派的12种宝石，第一种就是红宝石，可见其地位的重要。由于红宝石充盈着一股强烈的生机和浓艳的色彩，以前人们认为它是不死鸟的化身，对其产生了强烈的幻想。传说左手戴一枚红宝石戒指或左胸戴一枚红宝石胸针就有化敌为友的魔力。

红宝石中，最具价值的是颜色最浓艳被称为"鸽血红（Pigeon Blood）"的红宝石。这种鲜艳浓烈的色彩，将红宝石的美丽表露得一览无余。遗憾的是大部分红宝石颜色非浓即淡，并且多有橙红、紫红、粉红的色调，因此带有鸽血色调的红宝石就更显珍贵。此外，红宝石还有一些特殊品种。

"鸽血红"红宝石

【星光红宝石（Star Ruby）】

当红宝石内部含有密集平行排列的三组针状包裹体（互成 60° 角相交），被加工成弧面宝石时，在聚光光源的照射下，弧面上可见六射星光，被称为星光红宝石。

【达碧兹红宝石（Trapiche Ruby）】

透明至不透明的红宝石被六条不透明不会移动的黄色、白色或黑色星线分割成六瓣，因其形状似以前西班牙人用来压榨甘蔗的磨轮，故以此为名。

顶级的红宝石比普通钻石更珍稀，有着无与伦比的魅力和历久弥新的品质。正是由于其珍贵，在很久很久以前，红宝石便作为权力和财富的象征，展开了一部与名士、王公贵族纠结千年的史话。

星光红宝石戒指

达碧兹红宝石

【卡门·露西娅红宝石】

这是世界上最具凄美爱情故事的红宝石。重 23.1 克拉的"卡门·露西娅"，是世界上屈指可数的巨型红宝石，镶嵌在一个由碎钻做点缀的白金戒指上。透过这颗深红色的宝石向其内里看去，宛若烟花一般的绚烂光彩，经过棱角的折射后熠熠生辉。

卡门·露西娅红宝石戒指

卡门·露西亚本是一个幸福的女人，她酷爱红宝石。2002 年她第一次听说了这颗红宝石时，就十分向往，希望有机会能谋得一面之缘。但是病魔很快夺去了她的生命——2003 年她死于癌症，终年 52 岁。虽然卡门·露西亚生前并没有拥有这颗红宝石，但是挚爱她的丈夫皮特·巴克完成了她的遗愿，他捐出一大笔钱给斯密逊博物馆用以收购和展出这枚红宝石，并且以妻子的名字命名该宝石，作为永远的怀念。

格拉夫红宝石

【格拉夫红宝石】

这颗重 8.62 克拉的红宝石以 3600000 美元的价格被伦敦珠宝商劳伦斯·格拉夫拍得，平均单克拉价格高达 425000 美元，创下 2006 年佳士得拍卖纪录。这颗破纪录的红宝石被称为理想的"鸽血红"，得到瑞士宝石研究基金会宝石学院（SSEF）实验室的品质认证，并且证明没有加热过的迹象。该红宝石颜色艳丽夺目，切工精湛，拍得者格拉夫也表示这是他见过的最完美的红宝石，并将其命名为"格拉夫红宝石"。

【德朗星光红宝石】

该星光红宝石总重 100.32 克拉，圆形弧面切割，20 世纪初在缅甸发现并被开采。马丁·埃尔曼将这枚星光红宝石以 21400 美元的价格卖给伊迪丝·哈金·德朗，德朗

德朗星光红宝石

先生在 1937 年将这枚巨大的星光红宝石捐赠给了位于美国纽约的自然历史博物馆。值得一提的是，这枚名贵的红宝石曾与其他珍贵宝石一同被一个声名狼藉的珠宝大盗杰克·罗兰·墨菲偷走，经过谈判协商，杰克·罗兰·墨菲得到了 25000 美元的赎金后，该宝石被放置于佛罗里达州的一个电话亭旁边，失而复得，更增加了德朗星光红宝石的传奇色彩。

【罗克斯堡红宝石套装】

这是 19 世纪罗克斯堡公爵夫人的心爱之物，包括一条项链以及配套耳环，其中项链制于 1884 年，以 24 枚红宝石和 24 枚钻石镶嵌而成。首饰套装最终以 576 万美元成交，创当时红宝石首饰套装最高成交价。

罗克斯堡红宝石套装

【温莎公爵红宝石项链】

1936 年，英国国王爱德华八世将一条缅甸红宝石项链送给他的情人威丽丝·辛普森，祝贺其 40 岁生辰，同年，爱德华八世退位，改封温莎公爵，该项链就是温莎公爵红宝石项链。温莎公爵和夫人用余生诠释了那抹红色里的激情，留下了一段"不爱江山爱美人"的动人传奇。这一刻，红宝石是刻在心中的恋恋爱意。

温莎公爵红宝石项链

【伊丽莎白二世的红宝石】

在欧洲，红宝石更多时候被用来装饰皇冠，代表着无上忠诚，是皇家尊严的象征。英国女王伊丽莎白二世与菲利普亲王大婚时，众多亲友送来大批珠宝庆贺，而新娘的母亲伊丽莎白王后则选择了一套红宝石王冠和项链，作为送给女儿的出嫁礼物。这一刻，红宝石是母亲对女儿的宠爱，是流淌在血液中的浓浓亲情。

伊丽莎白二世的红宝石

【德托比伯爵夫人红宝石半月形皇冠】

俄罗斯圣彼得堡的埃尔米塔日博物馆曾展出罗曼洛夫王朝一顶珍贵皇冠——德托比伯爵夫人红宝石半月形皇冠。皇冠的女主人不是别人，正是俄国著名大诗人普希金的孙女索菲亚。1891年，这顶令人期待已久的纯金皇冠终于揭开了神秘的面纱，它呈流畅的半月形，镶嵌有822颗钻

德托比伯爵夫人红宝石半月形皇冠

石和72颗红宝石，在灯光的映照下璀璨夺目，令人叹为观止。最独特的是，皇冠的其中一部分还可以巧妙地拆卸下来，用作胸针和头簪。

而今，在绚烂夺目的珠宝市场中，各大珠宝品牌均闪耀着红宝石的身影。

人们钟爱红宝石，把它看成爱情、热情和品德高尚的代表，光辉的象征。在欧洲，王室的婚庆典礼上，依然将红宝石作为婚姻的见证。据说男人拥有红宝石，就能掌握梦寐以求的权力，女人拥有红宝石，就能得到永世不变的爱情，从中我们不难看出人们对红宝石的向往。"贵妃得酒沁红色，更着领巾龙脑香。"戴上高贵典雅的红宝石，穿过别人羡慕的目光，走进炽热的7月。

——8 月生辰石：橄榄石

文 / 图：鲁智云 李佳

炎炎夏日，绿色宝石大放光彩。绿色宝石家族的橄榄石，因为其颜色清新、价格亲民，颇受人们的喜爱。然而橄榄石的身世、种类、鉴别、欣赏与选购您又了解多少呢？请倾听我们对橄榄石的描述与讲解吧。

橄榄石的英文名称是 Peridot，其化学成分为 $(Mg，Fe)_2[SiO_4]$，因其颜色多为橄榄绿色而得名。橄榄石的颜色艳丽，结合了代表高贵的黄色与代表希望的绿色，能够平稳紧张焦躁郁闷的心理，给人心情舒畅和幸福的感觉。橄榄石是 8 月份的生辰石，象征着和平、幸福和安详。

【橄榄石历史】

相传 3500 年前，橄榄石发现于古埃及领土圣·约翰岛，当时人们相信橄榄石拥有太阳般的力量，可以驱除邪恶，去除人们对黑夜的恐惧，故称橄榄石为"太阳的宝石"。那时部族之间常以互赠橄榄石表示友好。很多历史学家认为埃及艳后克丽奥佩特拉七世佩戴的那些"祖母绿"中有一部分应当是橄榄石；在耶路撒冷的一些神庙里至今还有几千年前镶嵌的橄榄石。

【橄榄石分类】

宝石级橄榄石按照色调的不同可以分为浓黄绿色橄榄石、金黄绿色橄榄石、黄绿色橄榄石、浓绿色橄榄石（也称黄昏祖母绿或西方祖母绿、月见草祖母绿）和天宝石（产于陨石中，十分罕见，即石铁陨石中的铁镍合金包裹着透明的大晶体橄榄石）。

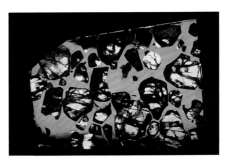
经过抛光的石铁陨石切片

不同色调的橄榄石

【橄榄石之最】

大颗粒的橄榄石并不多见，一般多在3克拉以下，3~10克拉的橄榄石比较少见，因而价格较高，超过10克拉的橄榄石则属罕见。

世界上最大的一颗宝石级橄榄石产于红海的扎巴贾德岛，重319克拉，现存于美国华盛顿史密斯博物馆。中国最大的橄榄石产于河北省张家口万全县大麻坪，重量236.5克拉，被称为"华北之星"。

"华北之星"橄榄石

最漂亮的一块切磨好的橄榄石重 192.75 克拉，曾属于俄国沙皇，现存于莫斯科的钻石宝库里。

2011 年 9 月，国家珠宝首饰质量监督检验中心曾检测出一颗重达 36.38 克拉的四射星光橄榄石，超过之前报道的世界上最大的 26.8 克拉的四射十字星光橄榄石。

伦敦的地质博物馆有一颗 146 克拉、正方形祖母绿型切割的深绿色橄榄石，它来自于 Zeberget（后被称作圣约翰岛，距埃及的红海沿岸约 50 英里）。

 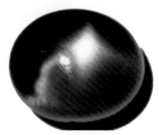 

重达 192.75 克拉橄榄石　　重达 36.38 克拉的四射星光橄榄石　　橄榄石晶体边缘夹角呈锐角

【橄榄石的肉眼鉴别】

橄榄石具有独特的黄绿色，人们可以从颜色上进行识别。未经过切割的橄榄石原始晶体呈短柱状，边缘夹角呈锐角（橄榄石是斜方晶系）。然而，由于橄榄石性脆，很少有完好的晶形存在，实际晶体往往呈碎块状产出。切割成刻面或者弧面的橄榄石则可以通过放大检查橄榄石内部的特征进行鉴别。

【橄榄石放大检查】

在 10 倍放大镜下观察橄榄石内部，会经常看到睡莲叶状特征包裹体。该睡莲叶状包裹体的中心是由铬铁矿或者铬尖晶石的小突起组成，周围的小气泡形成睡莲叶的经络，外围的应力圈形成睡莲叶的小边缘。读到这里，你是不是觉得很神奇？告诉你吧，睡莲叶状包裹体可是橄榄石所

睡莲叶状特征包裹体

独有的特征噢！此外，橄榄石还有另外一个很重要的鉴别特征——重影。通常，双折射率较大的宝石都会出现重影，橄榄石具有较大的双折射率值（0.035~0.038），因此能够观察到后刻面棱的重影。观察重影的小窍门是，采用放大镜透过台面去观察橄榄石底部刻面的棱线，这样你就会清楚地看到后刻面棱的重影。

橄榄石底部刻面的重影现象

【橄榄石的选购】

橄榄石的价格主要取决于其颜色的色调及深浅，其中以中至深绿色为佳，色泽均匀，绿色越纯越好，黄色调增多则价格下降。

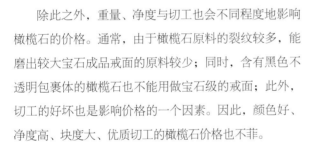

橄榄石戒面

除此之外，重量、净度与切工也会不同程度地影响橄榄石的价格。通常，由于橄榄石原料的裂纹较多，能磨出较大宝石成品戒面的原料较少；同时，含有黑色不透明包裹体的橄榄石也不能用做宝石级的戒面；此外，切工的好坏也是影响价格的一个因素。因此，颜色好、净度高、块度大、优质切工的橄榄石价格也不菲。

现今，在绚烂夺目的珠宝市场中，各大珠宝品牌中均闪耀着橄榄石的身影。例如蒂芙尼公司上世纪五六十年代的一件镶有橄榄石和绿松石的金质化妆盒，是在椭球形的錾花金胎上镶嵌着黄绿色的橄榄石和淡蓝色的绿松石，整体散发出高贵的光芒。该首饰盒由香港两依藏博物馆藏主冯耀辉先生捐赠给故宫博物院收藏。

蒂芙尼（Tiffany）金质化妆盒

人们将橄榄石作为和平、幸福和安详的象征，它柔嫩如初春的新绿，特别受年轻女性的喜爱，伴随着酷热八月的到来，何不挑选一件嫩绿色的橄榄石来清凉一下自己燥热的心呢？

—— 9 月生辰石：蓝宝石

文 / 图：潘羽

蓝宝石有个发音优美的英文名字：Sapphire ，源于其晶莹剔透的美丽颜色，被古代的人们蒙上神秘的超自然色彩，被视为吉祥之物。有人说蓝宝石是神的礼物，它深邃悠远的独特蓝色来自神的恩宠，让所有看到它、触摸到它的人都感受到不可思议的强烈吸引力，就像被引入充满梦幻的无限夜空，体会从未有过的宁静、智慧与平安。

自古以来，蓝宝石就有"帝王之石"之称，据说他能保护国王和君主免受伤害和妒忌。

帝王之宠——蓝宝石

旧约《圣经》中，犹太人相信蓝宝石来自耶和华的王座，为了给陷于混沌迷惘中的犹太人民带来一道光明，而被神从王座上剥下，掷于人间以期传达神的心声。高贵纯净的蓝色光芒也让蓝宝石被尊为圣职者佩戴的不二选择。东方传说中把蓝宝石看作指路石，可以保护佩戴者不迷失方向，并且还会交好运，甚至在宝石脱手后仍是如此。

1936 年 12 月，即位不足一年的英国国王爱德华八世为了与离异两次的美国平民女子辛普森夫人结婚，毅然宣布退位。后来被追封为温莎公爵的爱德华八世为了表达爱意，授意法国卡地亚公司为夫人设计了四款首饰，其中"猎豹"胸针是第一款动物造型的珠宝。"猎豹"胸针由铂制成，上面镶有单翻式切割钻石和弧面切割的小颗粒蓝宝石，眼睛是一对梨形的黄色

卡地亚（Cartier）猎豹蓝宝石胸针

彩钻。"猎豹"蹲踞的"岩石"是一枚 152.35 克拉的克什米尔产球形蓝宝石。

蓝宝石象征忠诚、坚贞、慈爱和诚实，能保佑佩戴者平安，并让人交好运。宝石学界将蓝宝石定为九月的生辰石，结婚 45 周年的纪念石。

【蓝宝石的颜色】

蓝宝石（Sapphire）和红宝石（Ruby）互为姊妹宝石，她们都属于刚玉矿物家族，是除了钻石以外地球上最硬的天然矿物，呈亮玻璃光泽至亚金刚光泽，基本化学成分都为氧化铝。宝石界将红宝石之外的各色宝石级刚玉都称为蓝宝石。

各种颜色的蓝宝石

因此，蓝宝石并不是仅指蓝色的刚玉宝石，它除了拥有完整的蓝色系列以外，还有着如同烟花落日般的黄色、粉红色、橙橘色及紫色等，这些彩色系的蓝宝石被统称为彩色蓝宝石（Fancy Sapphire）。

经研究发现：蓝宝石中因含有铁（Fe）、钛（Ti）、铬（Cr）、镍（Ni）、钴（Co）和钒（V）等微量元素，而呈现蓝色、绿色、黄

色等颜色，甚至可具变色效应。

彩色蓝宝石中，最为名贵的莫过于斯里兰卡的帕德玛蓝宝石，英文名称 Padparadscha，也称"帕帕拉恰"。帕德玛一词出自梵语 Padmaraga，代表莲花的意思。

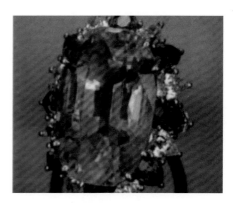

帕德玛蓝宝石戒指

这种宝石的独特之处在于它的色彩中同时拥有粉色和橙色，两种颜色相互生辉，若缺少其中任何一种颜色都不能被称为帕德玛蓝宝石。优质的帕德玛蓝宝石价格甚至可以与顶级的蓝色蓝宝石一争高下。在坦桑尼亚的乌姆巴 (Umba) 河谷也发现有类似的粉橙色蓝宝石，并被称为非洲的帕德玛蓝宝石。

克什米尔蓝宝石

● 印控克什米尔蓝宝石

一种不太透明的天鹅绒状、紫蓝色或浅蓝色的蓝宝石。由于不太透明，故外观给人一种"睡眼惺忪"的感觉，与其他蓝色蓝宝石不同。优质的"矢车菊"蓝色蓝宝石产于该地区。

【蓝宝石的产地】

蓝宝石最大的特点是颜色不均，可见平行六方柱面排列的、深浅不同的平直色带和生长纹，聚片双晶发育，常见百叶窗式双晶纹，裂理多沿双晶面裂开，二色性强。世界不同产地的蓝宝石除上述共同的特点之外，亦因产地的不同而各具特色。

缅甸蓝宝石

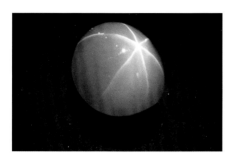

斯里兰卡星光蓝宝石

● **缅甸蓝宝石**

指极优质的"浓蓝"或"品蓝"的微紫蓝色蓝宝石。在人工光源照射下，它会失去一些颜色，并呈现出一些墨黑色。缅甸蓝宝石的固态包裹体较少，流体包裹体较为丰富，有时可见金红石与一系列盘状裂隙相伴而生。

● **锡兰或斯里兰卡蓝宝石**

通常指灰蓝色至浅蓝紫色、具有较高透明度及光泽的蓝宝石，往往有不均匀的色带及条纹。当含大量针状、絮状包裹体时，斯里兰卡的蓝宝石透明度降低，略呈灰色。当其内部含有平行排列的三组纤维状金红石包裹体时，可具星光效应。历史上斯里兰卡曾出产过优质的彩色蓝宝石及星光蓝宝石。目前国内市场上还可见到被称为"卡蓝"的优质斯里兰卡蓝宝石。

● **马达加斯加蓝宝石**

20 世纪 90 年代，马达加斯加蓝宝石曾大量涌入市场，颜色丰富的马达加斯加蓝宝石红极一时，有绿蓝色、蓝色、紫蓝色、黄色、紫色等，被业内称为"糖果色"蓝宝石。

马达加斯加彩色蓝宝石

● **泰国或暹罗蓝宝石**

泰国蓝宝石的颜色较深，透明度较低，主要有深蓝色、略带紫色色调的蓝色、灰蓝色三种色调，还产出黄色、绿色蓝宝石以及黑色星光蓝宝石，固态包裹体较多。

泰国蓝宝石

● 澳大利亚蓝宝石

澳大利亚蓝宝石的颜色很深，甚至呈墨黑色，一般具有浓绿色到极深紫蓝色的二色性，透明度较差，半透明至不透明，往往带有不受欢迎的绿色调，常有色带和羽状包裹体。

澳大利亚蓝宝石

● 中国山东蓝宝石

山东蓝宝石的颜色可分为蓝色系列、黄色系列、多色系列。与蓝色蓝宝石相比，黄色蓝宝石大多透明度较高，纯净度较好。多色系列蓝宝石表现为同一粒蓝宝石上有两种以上不同的颜色共存，如黄色与蓝色对半相拼组合或蓝色环绕黄色的组合。

中国山东蓝宝石

蓝宝石象征着爱情与幸运，从古到今，发生在蓝宝石身上的神秘故事不计其数，但却依旧无法阻挡女人想要拥有它的冲动。神秘幽幻的蓝宝石就像沁凉的海风一样，如水般动人的光泽晶莹剔透，纯净得如同爱情。用珍贵而沉静的蓝宝石作为珠宝搭配，会让你在人群中闪耀高雅脱俗的光彩。

蓝宝石套装

蓝宝石吊坠

——10 月生辰石：欧泊、碧玺

文 / 图：张格 潘羽

　　和煦的阳光散落，风在地上悄悄地打着旋儿，拂去夏的疲惫，带来秋的欢喜。桂花怒放，浓香扑鼻；菊花悠然，清新醇厚；糖果色的碧玺散发出令人舒爽的气息，使人振奋；姹紫嫣红流入欧泊中，百态横生。十月，诱人而芬芳。

【欧泊篇】

　　"当自然点缀完花朵，给彩虹着上色，把小鸟的羽毛染好的时候，她把从调色板上扫下的颜色浇铸在欧泊里"，杜拜曾在《马耳他马洛的珍宝》中这样写到。莎士比亚也将欧泊称为宝石中的王后，是拥有神奇魔力的"魔术师"，可以装载情感和愿望，带给拥有者美好的未来。欧泊的多姿多彩吸引着追寻美好生活的世人的目光，被誉为十月的生辰石，是希望、纯洁与快乐的象征。

　　究竟是怎样的梦幻色彩赋予欧泊如此神秘的面纱呢？就请跟随我走进这奇幻的变彩世界吧！

欧泊在公元前 200 至 100 年间就被用作珍贵宝石。古罗马学者普林尼（Pliny）就把欧泊描述为"红宝石的火焰色，紫水晶的亮紫色及绿宝石的海绿色，这些不同的色彩不可思议地联合在一起发光。"

很多皇室贵族都喜爱欧泊，如法兰西第一帝国皇帝拿破仑的皇后约瑟芬就有一款"燃烧特洛伊"的欧泊项链。英国维多

欧泊裸石

利亚女王买了很多欧泊珠宝送给她的五个女儿。1954 年，澳大利亚政府将"爱多姆克欧泊"（重 205 克拉）镶在项链上送给了英国伊丽莎白二世女王，这个项链也被称为"女王的欧泊"。

欧泊被称为宝石界的"魔术师"是因为她绚丽动人的变彩效应。变彩效应是欧泊独有的一种特殊光学效应，是光在欧泊的特殊组成结构中发生衍射和干涉而产生的现象。在欧泊宝石的内部，可以看到彩虹般多彩的色斑，随着欣赏角度的不同，每块色斑还会随之呈现出变幻的色彩。

变彩效应使欧泊如天空中的霓虹幻化，瑰丽动人、妙不可言。每一块欧泊都具有独一无二的变彩效应：有些欧泊以蓝绿色变彩为主，如静谧的湖水与葱郁的森林相伴，深邃优雅，可以衬托出女性高贵娴静的气质；有些欧泊具有丰富的光谱色变彩，华丽闪耀，象征着缤纷的梦想与希望；有些欧泊的变彩色斑密集而细小，仿佛星空一隅；有些欧泊的变彩色斑交织如画，如同莫奈的画作。

正是这如梦似幻的变彩效应赋予了欧泊"集宝石之美于一身"的独特魅力。变彩色斑的明艳程度、大小、多少、厚度、颜色范围、组成图案均会对欧泊的评价产生影响。

MATZO PARIS 臻彩部落风系列

高质量的欧泊应变彩均匀、完全，无变彩的部分越少越好。变彩色斑颜色依蓝、绿、黄、橙、红色其价值逐渐增高，颜色越丰富越好，越明亮越好。转动宝石观察，变彩色斑的颜色变化越鲜明、对比越明显，欧泊的价值越高。

法国老牌珠宝巴黎美爵（MATZO PARIS）秉承一贯的艺术风格，珠宝设计师俘获到大自然独特的光彩，像一个色彩大师般精挑细选且准确表达出欧泊宝石的美艳。欧泊与其他宝石相映成辉，给人草木葱翠般迷人海湾的感觉，这种轻盈而又浓郁的感觉正是巴黎美爵想要彰显的女性魅力。

Xochimilco Garden 系列

梵克雅宝（Van Cleef & Arpels）高级珠宝

LilyRose 高级珠宝套装

Xochimilco Garden 系列造型十分诡异，昆虫与蜥蜴，海盗和食人花，这难道是爱丽丝仙境的翻版吗？

最特别的一枚宝石——100.11 克拉的非洲埃塞俄比亚黄色蛋白石，它完美地再现了美国西海岸的落日余晖。

私人珍藏系列 BeatuyButterfly——蝴蝶珠宝

华美的孔雀翎羽造型，炫彩的欧泊宝石，衬托出设计师那颗热烈而躁动的内心。

象征成长与蜕变的蝴蝶一直是让女性所钟情的元素，或许我们都曾有过化茧成蝶的梦想，漂亮的蝶翼滑过美丽的弧线，抖落一地的芬芳。蝴蝶造型的黑欧泊代表着自由、充沛的生命力和热情勇于尝试的精神，使佩戴者犹如身穿艳丽彩衣的蝴蝶，在花丛中飞舞，不断地寻求终身的至爱。

清冷美丽的欧泊往往会给人一种宁静感，使生活在繁忙都市中的人群得到冷静和平和。将清冷时尚的蓝绿色欧泊完美地镶嵌在繁复多样的银质金属中，让人感受到那源于大自然的宁静祥和。

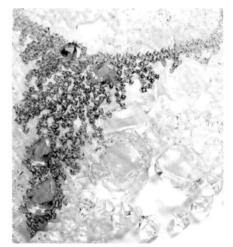

帕拉伊巴碧玺项饰

【碧玺篇】

在古希腊神话里碧玺是普罗米修斯留给人间的火种；在古埃及的传说里，碧玺则被喻为沿着地心通往太阳的一道彩虹。在中国，碧玺又因为与"辟邪"谐音而被人们所喜爱。慈禧太后的殉葬品中就曾有一块重 36 两 8 钱的碧玺莲花摆件，当时值 75 万两白银；一品和二品官员的官帽上均须镶嵌碧玺，可见碧玺在当时社会文化中的特殊地位。

碧玺颜色十分丰富，像落入人间的彩虹一般，将天光水色尽收其中，其迷人的色彩可以激发无尽的想象力，是全球设计师和收藏家们钟爱的宝石。1952 年美国珠宝业提出将碧玺作为除欧泊外的另一个选择加入十月生辰石的行列，象征安乐与和平。

碧玺颜色鲜艳，可分为红色碧玺、绿色碧玺、蔚蓝碧玺、黑碧玺、紫碧玺、无色碧玺、双色碧玺、西瓜碧玺、猫眼碧玺、钠镁碧玺、亚历山大变色碧玺、钙锂碧玺、含铬碧玺和帕拉伊巴碧玺等 14 种，其中较为名贵的主要有红色碧玺、绿色碧玺和帕拉伊巴碧玺三种。

● 红色碧玺

从玫瑰红、桃红到紫红色，再到粉红色，都属于红色碧玺的范畴。世界上50%~70%的彩色碧玺来自巴西。马达加斯加伟晶岩中曾出产大颗粒各色碧玺，有的重达 45 公斤以上，其中又以红碧玺质量最好；优质深红色碧玺出产于肯尼亚；而美国的加利福尼亚则盛产粉红碧玺。值得注意的是许多商家常用 Rubellite 一词来形容所有具有红色色调的碧玺，而国际有色宝石协会（ICA）认为红色和粉红色碧玺有很多不同的色调，有柔和的粉红色，浓郁的粉红色，有鲜艳的紫红色还有艳丽的红宝石色，但是只有那些拥有真正"红宝石"色的高品质碧玺可以冠名为 Rubellite。

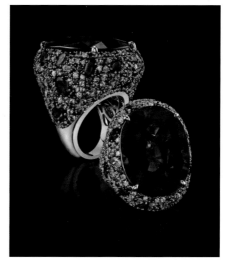

红碧玺戒指

● 绿色碧玺

颜色从浅绿到深绿的碧玺，也包括黄绿色和棕绿色碧玺，主要是由于含铬和钒元素而呈绿色。坦桑尼亚产绿、褐色碧玺；

绿碧玺首饰

斯里兰卡东南部冲积砂矿中出产黄、黄绿、褐色碧玺等；而巴西则以产出祖母绿色的碧玺为主，颗粒大、净度好、火彩强、切工好，素有"巴西祖母绿"的美名。在挑颜色时，最好多挑选"浅绿色"的碧玺。有些经过热处理的绿色碧玺，往往会略带"灰调"，尤其是产自南非的深棕色碧玺原石，在热处理后常常呈现出灰绿色。这些颜色在强烈的珠宝灯下极易让人走眼，需要引起重视。

在市面上，人们常将普通绿色碧玺误作铬碧玺。我们在查尔斯滤色镜的笔灯下即可判断碧玺中是否含有能致色的微量元素，据此与不含铬、钒的普通碧玺区别开来。滤色镜下现象是普通绿色碧玺不会变红，而铬碧玺会呈现出粉红色或红色。

帕拉伊巴碧玺戒指

● **帕拉伊巴碧玺**

帕拉伊巴碧玺是蓝色（电光蓝、霓虹蓝、紫蓝色）、蓝绿色到绿蓝色或绿色的、呈现中等到高饱和色调的电气石，成分主要含有铜和锰。因为这种宝石最初开采于巴西的帕拉伊巴，遂因此地命名。如今，帕拉伊巴碧玺的产量仅约为天然钻石全球年产量的千分之一，被找到的碧玺原石几乎没有完整的，那些原石的小小碎片往往只有几克，加工后的成品通常只有 0.1~0.5 克拉，其色泽非常独特，闪烁通透，独具荧光效果等迷人特征而被尊为碧玺之王。

在市场上，已经出现了自莫桑比克和尼日利亚产出的帕拉伊巴碧玺。依照科学鉴定观点，只要成分内含有一定的铜元素，即为帕拉伊巴碧玺，并不限于巴西帕拉伊巴州出产的碧玺才可称为帕拉伊巴碧玺。

● **碧玺的质量评价**

碧玺的品相跟其他宝石相同，都是以颜色、光泽、透明度、内含物、缺陷与否及重量作为评价与选购的依据。

红碧玺戒指

颜色：以红色、蓝色、绿色较为名贵，要求颜色均匀艳丽，在项链和手链中则以颜色丰富为佳。

透明度：晶莹剔透，越透明质量越好。

质地：致密坚韧，无瑕疵者为佳。

工艺：切工规则，比例对称，抛光好。

蒂凡尼（Tiffany）欧泊胸针

金秋十月，落英缤纷，碧玺和欧泊氤氲而生。她们充满热情，忠实地描绘出生活的美好，光辉灿烂，独一无二。愿秋日之美伴随着您，自信优雅地前行。

——11 月生辰石：托帕石

文 / 图：张欢

千百年来，人们将美好的愿望赋予大自然的精华——宝石，以求永恒的精神。在五彩缤纷的珠宝世界中，不乏色泽艳丽、光彩耀人的宝石。然而，能够像托帕石这样独享真诚友爱的高贵品质、独具古朴纯洁的深邃内涵、能够给予人智慧与勇气的宝石却并不多见。下面就跟随笔者一起进入托帕石的世界，感受一下这十一月的生辰石给人带来的温暖与力量吧。

【名称的由来】

托帕石的中文矿物名称为"黄玉"。这是由于自然界中的托帕石多呈黄色，因此，当时的中国人依据对宝石惯称为"玉"的习俗，将托帕石冠名为"黄玉"。至20 世纪末，国内宝石界为避免托帕石与黄色玉石、黄晶的名称相混淆，国标规定

黄色托帕石首饰

采用其英文"Topaz"音译名称"托帕石"来命名宝石级的"黄玉"。

关于"托帕石"一词的由来，有两种传说：（1）"Topaz"一词出自于印度梵文Tapas，这个词的意思代表着"火"，因此托帕石也一度被印度人称为火之石；（2）一位埃及王妃试图刺杀法老，但未成功。事情败露之后，这位埃及王妃被流放到红海上的一个小岛，小岛的主人认为王妃是神派来的使者，于是就将一颗闪闪发光、像太阳一样的宝石赠与王妃，因而得名"托帕石"。对于闪耀在众多宝石中的托帕石，其实无论哪种说法，都无不体现着托帕石特有的异国情韵，真是石如其名。

【寓意与象征】

在西方人看来，托帕石可以作为护身符佩戴。托帕石代表了真诚和执著的爱，有助于重建信心和重树目标，象征着团结、智慧、友谊与忠诚，表达了人们渴望长期友好相处的愿望。因此托帕石也被称为"友谊之石"，并被誉为十一月的生辰石。

【基本性质】

托帕石为斜方晶系，玻璃光泽，折射率为1.619~1.627，相对密度为3.53，摩氏硬度为8。

托帕石的颜色多呈无色、极淡蓝色、淡褐色和橙黄色（雪利酒色），而红色和粉红色极少。巴西的托帕石较其他产地的颜色深，多呈黄－橙黄色，还有淡蓝、淡粉、灰绿和无色等；斯里兰卡的托帕石色浅，多呈浅蓝、浅绿和无色等；中国的托帕石颜色极浅，多呈无色，还有极淡蓝色和极淡褐色。需要说明的是，无色托帕石是这个家族中产量最大、应用最多的品种，因为，市场上出售的很多蓝色托帕石是以无色托帕

  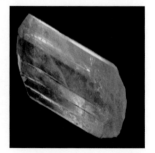

淡褐色托帕石晶体　　　　无色托帕石晶体　　　　淡蓝色托帕石单晶体

石经过辐照处理而来的，不过这种辐照处理过的托帕石需要置留六个月以上的时间才能用作饰物宝石。无色托帕石经过辐照可呈现不同色调与深浅的蓝色，如"天空蓝""瑞士蓝"和"伦敦蓝"等。

"天空蓝"托帕石　　　　　"瑞士蓝"托帕石　　　　　"伦敦蓝"托帕石

托帕石透明度较高，与其他单晶体宝石相比，内部比较洁净，包裹体较少，肉眼较难看见瑕疵。托帕石放大检查常见气液包裹体，有时可见两种互不混溶的液态包裹体。托帕石中常见的固体包裹体有云母、钠长石、电气石和赤铁矿等。

【与相似宝石的鉴别】

与托帕石相似的宝石主要有海蓝宝石、黄水晶、碧玺等，其鉴别的方法是，海蓝宝石虽外观与托帕石相似，但是海蓝宝石的颜色通常较浅，有些往往略带微黄绿色调，具有明显的二色性（无色 - 淡蓝色），蓝色托帕石颜色较深，带少量暗色调，具弱至中等的三色性（无色 - 淡粉色 - 淡蓝色）；黄水晶通过透光观察常可见明显的色带，而黄色托帕石不会有色带出现；碧玺颜色多样，可与不同颜色的托帕石相似，碧玺有较强的二色性，并且双折射率较大，往往可见后刻面棱重影。

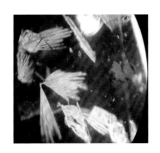 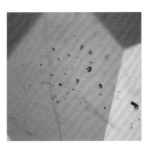 

固体包裹体　　　　　　互不混溶的液态包裹体　　　　　橙黄色刻面托帕石

【评价与选购】

托帕石以颜色、净度、切工和重量作为评价依据。

从颜色来看，价值最高的是红色托帕石，其次是粉色、雪利酒色、蓝色和淡黄色托帕石，无色托帕石的价值最低。

粉红色托帕石戒指

内部纯净、透明度高的托帕石具有较高的价值。含气液包裹体、裂隙多者价值较低。

切工的优劣也影响着托帕石的价格。优质的托帕石应具有明亮的玻璃光泽，抛光不当会影响宝石的光泽，降低宝石的价值。

重量直接影响着宝石的价格，因此，在其他评价因素相同的情况下，托帕石的块度越大，价格越高。

选购托帕石饰品时，要综合考虑其评价因素，以颜色浓艳、均匀、纯正，瑕疵少、透明度高，切工精细为佳，颗粒度大小可依据饰品设计要求而进行选择。

"菡萏香销翠叶残，西风愁起绿波间。"在这秋冬交替的十一月，本该是枯藤、老树、昏鸦的季节，而浓艳脱俗的托帕石却给这个静谧、祥和的十一月带来了许多温暖与热情。作为十一月的生辰石，托帕石将智慧与勇气的寓意传达得淋漓尽致。谁说寒冷就一定会与悲观为伍呢？让我们与托帕石一起继续洋溢青春吧！

宝格丽 MVSA 高级珠宝项链（蓝色为托帕石）

蓝色托帕石戒指

——12 月生辰石：坦桑石

文 / 图：董一丹

　　银装素裹下，海天一色，浑然天成。丝丝缕缕的清冷撼不动山河大地的伟岸，我爱这土地，我的眼中常含泪水，泪水化作坦桑石，深邃而沉静。天空纯净清新，微冷的气息醒人耳目，充斥在绿松石中，激人奋进。十二月，傲雪凌霜而充满希望。

坦桑石戒指

　　它的成长之路历经坎坷，浴火重生后绽放出的灿烂光辉，终究冲破重重阻碍，展现于人们眼前。出道初期，它客串蓝宝石和蓝色钻石的替身，它是二十世纪的世纪之石，象征着爱情的深邃。蒂芙尼（Tiffany）一眼相中它，并为它量身制作奢华装扮。2002 年，美国宝石协会将它与绿松石并列为十二月的生辰石，象征胜利、好运与成功。魅惑众生的坦桑石为何广受褒奖？今天，让我们一起来揭开坦桑石背后的秘密。

电影《泰坦尼克号》剧照

马赛民族认为，大地被一道闪电击中引燃"上天之神火"，神火把大地中的晶体炙烤成了闪亮的蓝色和紫色宝石，这就是色泽诱人的坦桑石。1967 年，美国蒂芙尼公司率先将坦桑石展示于全世界面前，赞美它是两千年来发现的最美丽的蓝色宝石，并以"坦桑石"作为其商业名称进行大力推广。电影《泰坦尼克号》中，"海洋之心"项链便是采用坦桑石来进行客串演绎的，坦桑石呈现出了海洋般的深邃与美丽，被誉为名副其实的"海洋之心"。

坦桑石的色调从天蓝到湛蓝再到浓烈的蓝紫色皆有，神奇的是，从坦桑石三个不同的方向看，会分别呈现出蓝色、紫色和褐黄色三色。经过优质的切工和精细的打磨，坦桑石将呈现出一种浓烈的蓝紫色调，令人感觉华丽异常。

坦桑石的蓝色独具魅力，使其能与两种名贵的宝石相媲美。

蓝宝石

顶级的坦桑蓝深邃浓郁，呈现天鹅绒般的丝绒感，恰恰是最优质的蓝宝石才有的颜色。同为昂贵宝石，它们都泛着很接近的湛蓝色，类似的通透度，几乎采用一样的切割方式来呈现，坦桑石在初期就是戴着"蓝宝石假面"躺在天鹅绒上闪耀着自己的光芒。

蓝宝石

从不同角度观察坦桑石时，会呈现不同色彩。通常，坦桑石在日光下会出现蓝色系列变化，在白炽光下则会出现桃色和紫罗兰色。仔细观察，蓝宝石明显的二色性（蓝－绿蓝或浅蓝－蓝）与坦桑石的强三色性（蓝－紫红－绿黄）可将其鉴别开来。

蓝色钻石

蓝色钻石

电影《泰坦尼克号》中的海洋之心，既是当时上流社会富裕生活的写照，也是罗斯与杰克刻骨铭心的爱情回忆，即蓝钻史上著名的"希望之钻（Hope Diamond）"的改写。

从颜色方面比较，钻石由于其均质体的特性并不具有多色性，而坦桑石具有明显的三色性，两者既可通过在不同方向观察颜色变化以区分，也可借助专业鉴定仪器——偏光镜进行分辨，正交偏光下，钻石呈现全暗现象，而坦桑石则呈现四明四暗的变化。

● 坦桑石的质量评价

坦桑石的评价与其他宝石一样，都是以颜色、透明度、切工工艺及重量作为评价与选购的依据。

颜色

作为一种以颜色见长的宝石，坦桑石颜色所占的价值比例最高（50%以上）。坦桑石以靛蓝色最佳，其次为紫蓝色、灰蓝色等。优质坦桑石颜色应纯正、鲜艳、均一。一般来说，色彩浓郁的坦桑石价值高于浅色坦桑石。

有经验的专家也许会这样教你辨识坦桑石的颜色：拿一杯清水，往杯里滴入半管蓝色钢笔墨水，观察钢笔墨水进入清水后由浓至淡的色彩变化，这其中便包含了坦桑石比较典型的色调范围。你对这变化如有很深的印象，下一次再见到坦桑石时一定过目不忘了。笼统地说，坦桑石在彩色宝石颜色分级中占据着紫－靛－蓝的位置。

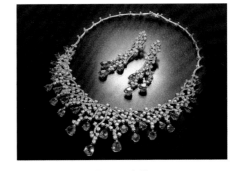

坦桑石套装

透明度

包裹体和瑕疵会影响宝石的外观和耐久性，优质坦桑石内部纯净、透明度高，目测无瑕疵或难见瑕疵，表面无缺陷，10倍放大镜下无或极少包裹体和杂质。

切工

透明坦桑石一般加工成刻面宝石，如祖母绿型、椭圆型、圆钻型等。由于坦桑石有多色性的缘故，切割的方向会影响宝石的正面颜色，切割前需对经济效益进行考量。优质的坦桑石应具有恰当的切磨比例和良好的抛光。宝石切割师必须在颗粒小、颜色最佳和颗粒大、颜色为紫蓝色之间做出抉择。

坦桑石吊坠

坦桑石吊坠

重量

在其他评价因素相同的情况下，坦桑石的重量直接影响价格。重量越大，价值越高。

需要说明的是：在西方，许多国家也将绿松石作为12月生辰石。根据国家标准，绿松石属于玉石的一种，因此我们在本书中将其归为12月生辰玉。

12月是冰天雪地的梦幻之月，也是人们辞旧迎新、充满喜庆的日子，坦桑石那浓烈的色彩，像蓝色的天空，像充满生机的春天，愿它能够为出生于寒冷冬日的您带来活力和希望！

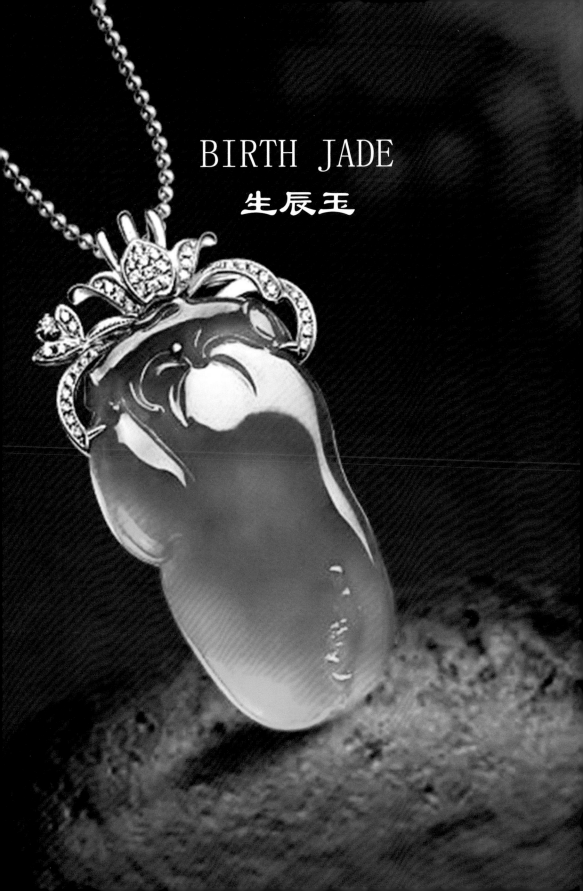

——1月生辰玉：南红玛瑙

文 / 图：潘羽

中华民族对于红色的喜爱，可追溯到古代对太阳的虔诚膜拜。所谓烈日如火，太阳象征着永恒、光明、生机、繁盛、温暖和希望。只有在阳光照耀下，万物才能茁壮成长。

逢年过节、结婚大寿，即便是本命年，也要红色傍身，国人喜欢红红火火，饱含对喜庆和吉祥的向往。

喜气奔放的红色充斥着整个一月，新人嫁娶之喜，吉祥团圆的年，如果需要一种玉石来做纪念，将首选南红玛瑙。

喜庆的中国春节场景

【南红玛瑙的历史】

南红玛瑙，能够确切知道且不存在异议的名字只有藏语叫做 ma.rai 或者是 ma.zhou，汉语翻译即红色的石头。在古代，南红玛瑙被称之为赤玉，用之入药，养心养血，佛教认为其有特殊功效。而自古以来 "玛瑙无红一世穷" 的说法则表现出红色玛瑙的珍贵，清代留存下来的南红玛瑙重器有 "红白鱼花插" "凤首杯" 等。乾隆时期由于对雕刻工艺、玉石材料非常高的选择标准，使得传世珍品一度消失，而南红玛瑙的产地迄今为止都是备受瞩目的焦点。

南红玛瑙凤首杯 清代

【南红玛瑙的分类】

南红玛瑙色泽艳丽，颜色为中国人追捧的 "中国红"，同时又因为玉质感强，具有胶质感，因而受到了广大商家、收藏家及消费者的青睐。

甘南红

● 按产地分类

南红玛瑙的主要产地为我国的甘肃、云南和四川，产于这三个地区的南红玛瑙分别被称为甘南红、滇南红和川南红。

滇南红

（1）**甘南红** 甘南红出自甘肃的迭部，优质的甘南红色彩纯正，颜色偏鲜亮，色域较窄，通常都在橘红色和大红色之间，也有少量偏深红的颜色，其中的雾状结构出现的概率较小，具有较好的厚重感和浑厚感，相对类似于水彩颜料。通常市场上可见到的甘南红多为老南红玛瑙珠子。

（2）**滇南红** 滇南红主要产自云南保山的杨柳乡（西山）、东山、水寨乡三大产区，原料以块大多裂为特点，色彩艳丽，色域较宽，可以出现粉白、粉红色、橘红色、朱红色、正红色、深红色、褐红色等红色调，视觉上多为表面雾状结构（或者说霜状结构），看起来像水粉颜料。市场上的滇南红多为各种雕件与珠串。

川南红

（3）川南红　川南红是近年来才被大量开发的一个南红玛瑙品种，产自川西凉山州的九口、瓦西、联合、雷波、农作等地，颜色丰富，有浅红、粉红、橙红、玫瑰红、深红、棕红、暗红色等，还有红白相间的品种，不同矿口产出的南红玛瑙透明度变化较大，不透明者质地细腻凝重感强，透明度较好者润泽光亮，市面上川南红所占的份额最大，多加工成雕件、珠串和镶嵌首饰。

值得注意的是，无论是甘南红、滇南红还是川南红，同一产地的南红玛瑙均存在着品质高低之分，需要针对个体进行质量评价，不要唯产地论。

● 按颜色分类

南红玛瑙的品种多样，常见的有：锦红、柿子红、柿子黄、玫瑰红、朱砂红、樱桃红、红白料等。

（1）锦红　锦红以正红、大红色为主体，其中也包含大家所熟知的柿子红（类似成熟的西红柿）。最佳者红艳如锦，其特点：红、糯、细、润、匀。

（2）玫瑰红　玫瑰红相对锦红偏紫，整体为紫红色，如绽放的玫瑰，较为罕见。

（3）朱砂红　朱砂红的红色主体明显可见朱砂点，这些朱砂点有时可密集组合而呈现出近似火焰的纹理，一般是指柿子红和玫瑰红交织在一起的现象。

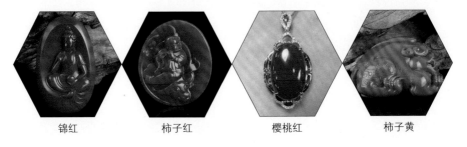

| 锦红 | 柿子红 | 樱桃红 | 柿子黄 |

（4）**柿子黄** 主要为橙红或橘红色，类似柿子的颜色。

（5）**樱桃红** 樱桃红颜色红似樱桃，玉质细腻、红艳通透，多产于美姑县联合乡，其水头足，晶体颗粒十分细腻。

（6）**红白料** 红白料是指红色与白色相伴出现，质量高者红白分明，多见红白蚕丝料。

● **按结构分类**

南红玛瑙根据结构、纹理不同可分为缟红、冰飘及包浆料等多个品种。

（1）**缟红** 缟红料是以红色系为主体，纹理与缟玛瑙相类似的品种，有时也带有白色条纹。

（2）**冰飘** 也称冰地飘红，是指在冰白的底子上飘有各种不同形状的红色条带的品种，其中呈现出红色水草形态者被业内人称为"南红水草"。

（3）**包浆料** 是指带皮并有包浆的南红玛瑙品种，质地非常细腻，胶质感强。

【**南红玛瑙的鉴别及评价**】

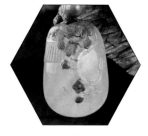  

红白料挂件　　　　　　　冰飘　　　　　　　　包浆料

南红玛瑙颜色艳丽，大多不透明（樱桃红冰飘品种透明度较好），摩氏硬度6.5~7，折射率1.54~1.56（点测），相对密度2.65左右，质地细腻温润，与其他红玛瑙的最大区别是具有胶质感，有较强的厚重感和凝重感。

南红玛瑙饰品通常应从质地、颜色、工艺、重量等方面进行评价。

● 质地

最好恰如《玉记》所述："体如凝脂，精光内敛，质厚温润，脉理坚密。"即看上去很舒服、柔和，给人以滋润感，以无裂纹、无杂质者为佳。

● 颜色

注重红色的纯度、明度和饱和度。根据个人喜好可选取不同纯度、明度和饱和度的南红玛瑙饰品，发闷或带有黑色则会影响南红玛瑙的价值。

南红玛瑙手串

● 工艺

要求工艺精湛，加工精细。"玉虽有美质，在于石间，不值良工琢磨，与瓦砾不别"，精雕细琢方显艺术价值。极富表现力的作品往往能掩饰原料瑕疵，提升品级。

● 重量

对于质地温润、颜色红艳灵动的南红玛瑙，体量越大，价值越高。

南红玛瑙挂件

南红玛瑙被现代人视为新的佛教七宝之一，广泛流传于藏民和佛教徒中。佩戴南红玛瑙，可令人身心愉悦，寓意着平安吉祥。它那鲜艳的红色牵动着亿万中国人的不舍情怀，其温润的质地，象征着慈祥和温暖，被视为吉祥之物，深受国人喜爱，故其作为一月生辰玉当之无愧！

南红玛瑙吊坠

——2 月生辰玉：大同紫玉、舒俱来

文 / 图：许彦 陈晨

　　无论在东方或是西方，紫色从古至今都是高贵的象征，常作为皇室贵族的代表。北京故宫称为"紫禁城"，又有老子过函谷关时，关令尹喜见紫气东来之说，比喻祥瑞之兆；在西方宗教文化中，紫色为至高无上和神圣尊贵的代名词，犹太教大祭司的服装或圣器，无一例外地喜好紫色的装扮，天主教将紫色作为主教色。紫色也同样代表着高贵神秘而纯粹诚实的爱情，不看重俗气的物质金钱，脱离了一切外在因素，单纯诚实的爱情如紫色般圣洁。

　　当时间的轮盘慢慢步入二月，全世界仿佛瞬间弥漫起浪漫的味道，温馨甜蜜且珍贵美好。2 月 14 日情人节，情侣们相互馈赠礼物，向对方表达自己的爱意与对美好未来的期许。浪漫温馨的紫色成为二月的专属色调，"执子之手，与子偕老"的爱侣共沐着和煦温暖的阳光，在这初春之时，心中暗许诚实贞洁的誓言，共同续写这份美好的爱情。大同紫玉与舒俱来代表着诚实、高贵、浪漫与祥和，在高贵神秘与美好圣洁相互碰撞的二月，它们愿为世人纪念这份永恒。

【大同紫玉篇】

自然界中的紫色玉石并不多见，颜色艳丽、质地纯净的紫色玉石更是格外稀少，而大同紫玉则是其中的佼佼者。

大同玉古称恒山玉，使用历史悠久，《天工开物》在描述玛瑙时有"今京师货者多是大同、蔚州九空山、宣府四角山所产……"的记载，北京故宫博物院收藏有清代的大同玉鼻烟壶，明清至民国时期，大同玉还被制成环佩、扇坠、图章、烟嘴、鼻烟壶等，销往全国各地，甚至出口欧洲。近年来，大同紫玉新品种的发现，再度吸引了众多收藏家和珠宝爱好者的目光。

大同紫玉挂件

大同火山群

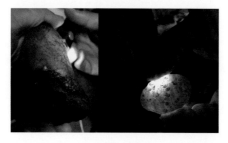

大同紫玉原石

大同火山群是中国朱宁的第四纪火山群，方圆约 100 平方公里，分布在山西省大同市的大同县和阳高县内，已知有火山 30 余座，大同玉的形成与火山喷发等过程有关，原生矿只在天镇县至阳原县的玄武岩墙两侧 3 米范围内产出。大同紫玉的产出主要集中在天镇县赵家沟地区。

大同玉的矿物成分主要是隐晶质石英，折射率 1.53~1.54，摩氏硬度 6.5~7，相对密度 2.60~2.65，油脂至玻璃光泽，不透明至半透明。大同玉外观多样，颜色丰富，有"羊肝石"（不透明）、"火石"（近无色透明）、"紫玉"、"彩玉"、

各色大同玉戒面

　　大同紫玉在市场上多被加工成素面宝石或雕件，其质量评价可从颜色、质地、净度、块度以及加工等方面进行。妩媚的紫色是大同紫玉最突出的特点，从蓝紫到粉紫，各种深浅的紫色都能出现。颜色浓艳、质地纯净通透、少杂质与裂纹者价值较高。除了以上内容，评价大同紫玉的质量时还应关注加工工艺，雕件要关注其设计造型是否合适，比例是否恰当以及雕工是否精细，若为素面宝石，应关注其整体形状和弧面高度是否恰当美观。

"画面石"等品种，其中紫玉最为稀少。大同紫玉多为紫玉髓，也有偶见条带构造或白色水晶芯的紫玛瑙。大同紫玉多以卵石状或碎块状产出，个头通常较小，块度大者非常稀少。随着民众对大同紫玉的认知度和认同感的逐渐提高，针对紫玉的设计、雕刻、镶嵌也应运而生。

大同紫玉挂件

　　质量上乘的大同紫玉光彩夺目，紫色纯正浓郁，如醇厚的美酒般令人迷醉，质地温润细腻，不似单晶宝石般耀眼，却通透清亮而又不乏凝重感，紫光由内而外散发，似披着霞光的仙子，是很多其他产地的紫玉髓和紫玛瑙所不能比拟的。

大同紫玉《老鼠爱大米》（白色部分为水晶芯）

【舒俱来篇】

　　舒俱来，又名苏纪石，是指以硅铁锂钠石为主要矿物组成的多晶集合体，其名称源于硅铁锂钠石（sugilite）的音译。1979年，在南非喀拉哈里沙漠发生了一件具有重大历史意义的事件——喀拉哈里沙漠中部分塞尔锰矿的崩塌，让深藏于地下的宝石级舒俱来首次呈一定规模的产出，南非国石就此诞生。目前舒俱来的产地主要有南非、日本、加拿大和美国。

各色的舒俱来

舒俱来的色彩以紫色为主，高贵大气，如幻如梦，迷醉而朦胧，其多变的颜色，纤云弄巧般变幻莫测，惹人沉醉，让人一见倾心，这也正是越来越多的收藏爱好者对其钟爱有加的原因。舒俱来被誉为"千禧之石"，也被称为"爱情之石"，在民间被赋予了很多美好的传说，佩戴舒俱来，寓意着幸运相随，平安喜乐。被寄予了如此多美好寓意的舒俱来作为二月生辰玉可谓实至名归。

舒俱来的颜色大体可分为蓝紫色系、红紫色系，少见粉红色系，市场上常见的有皇家帝王紫色、宝蓝色、紫罗兰色、桃花红色等品种，透明度可呈现不透明至半透明，蜡状光泽至玻璃光泽，摩氏硬度 5.5~6.5，相对密度 2.74~2.79。

在对颜色进行评价时，纯正的皇家帝王紫色一定是极品。其他常见的一些颜色种类，例如蓝紫色、茄紫色、桃花红色、紫罗兰色等品种也各具优势，樱花粉色由于其惹人怜爱的动人色彩也在优质的舒俱来中占有一席之地，地位不容小觑，其中又以半透明和透明的樱花粉色最为罕见。舒俱来中的白色、褐色等杂色应越少越好。

皇家紫舒俱来吊坠

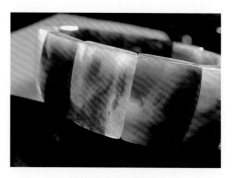

樱花粉舒俱来手排

大同紫玉与舒俱来的这一抹紫色揭开了二月时节的浪漫序曲，沉浸在这梦幻的紫色海洋中，被温馨与爱意紧紧包围，为这般诚实与高贵而陶醉。同时，这两种玉石又具有着与众不同的外观与温润细腻的质地。在这春风送暖万物复苏的二月里，拂去上一年所有的阴霾与不快，满心欢喜

舒俱来手镯

迎接朝气蓬勃的新生，二月生辰玉——"大同紫玉"与"舒俱来"为您带来美好的爱情夙愿，愿您幸运相随、平安喜乐，希望您在新的一年里福星高照，好运连连！

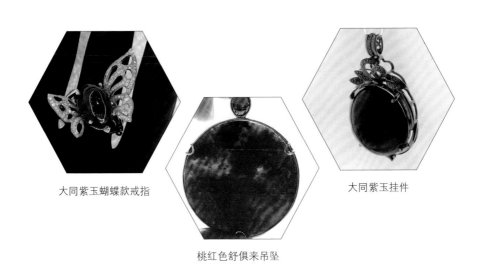

大同紫玉蝴蝶款戒指

桃红色舒俱来吊坠

大同紫玉挂件

——3月生辰玉：台湾蓝宝、海纹石

文 / 图：陈泽津

送走了浪漫而又温馨的二月，我们迎来了温暖而又充满生机的三月。三月是春暖花开的季节，是微风细雨的季节，是孕育生命的季节。当万物复苏、冰川融化，此时的天空与大海都呈现出一片温暖祥和的淡蓝色。这种纯净的蓝色不仅具有一种冷静、沉着、广阔的美丽，还有着成熟稳重、果敢坚强、博大胸怀的美好寓意。因此我们将蓝色的台湾蓝宝与海纹石作为"三月生辰玉"，象征沉着与勇敢、宽容与和谐、幸福与长寿。

台湾蓝宝原石

【台湾蓝宝篇】

台湾蓝宝与红珊瑚、碧玉猫眼并列为中国台湾三大宝石。台湾蓝宝的宝石学名称为蓝玉髓，其基本性质与玛瑙相似，属于隐晶质石英质玉石。

中国台湾民间认为，蓝玉髓是月亮的代表，与水有密切的关系，据说可防止溺水及意外发生，还可避免巫术的侵扰，有着蓝宝石般的魔力。台湾蓝宝是中国台湾蓝玉髓的商业用名或俗称。

台湾蓝宝的折射率为 1.54 左右，相对密度约为 2.58，摩氏硬度为 6.5~7，通常为油脂光泽至玻璃光泽，不透明至半透明，属于超显微隐晶质石英集合体。

中国台湾蓝玉髓产于北起花莲县丰滨乡，南至东台县的都兰镇东岸的海岸山脉，海拔从 500 至 1600 米不等，属热液型矿床，二氧化硅沉淀于铜矿断层裂隙或角砾间，进而形成蓝玉髓。因为含有铜，所以台湾蓝宝的颜色为蓝至蓝绿色。

台湾蓝宝戒面

台湾蓝宝手镯

台湾蓝宝的独特之处，在于其虽属于玉石，但并不像玉的色泽那样内敛，反而有着单晶体宝石般向外扩放的色泽特质。因此，台湾蓝宝一方面具有玉的特质，符合东方的审美；另一方面又符合西方对颜色鲜艳、光泽耀眼的要求，是近年来被广泛追捧的玉石品种。

台湾蓝宝戒指

【海纹石篇】

海纹石，矿物学名称为针钠钙石，英文名为 Larimar，又称拉利玛石，意为"无与伦比的蓝色"。海纹石目前主要产于多米尼加共和国，是该国的国石。这种宝石在国外深受欢迎，近些年在国内珠宝市场亦悄然兴起。

相传海纹石在亚特兰提斯时代又被称为"月光之石",并蕴含大地之母的能量,因此当地人相信,佩戴海纹石不但能给人们带来健康和好运,还可以使家人远离灾难和疾病等伤害。

海纹石原石

海纹石折射率在 1.59~1.63(点测),摩氏硬度为 4~5,相对密度为 2.7~2.8,不透明,颜色淡蓝并具有多样的纹路与色块,这些是海纹石重要的鉴别特征。

挑选海纹石时应注意以下两点。

(1)海纹石的颜色越蓝越好,越像海里的波纹,价值就越高。就颜色而言,品相最好的是深蓝色,即人们常说的火山蓝色;其次是绿松蓝,顾名思义像绿松石那样的蓝色;再次是天蓝色;再次是浅蓝色;最差的是白色。

(2)要观察纹路,纹路要清晰且形状完好,有象形意义的纹路(如"龟背纹")的价值较高。

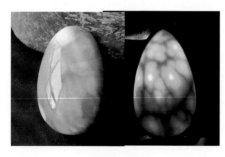

海纹石戒面

春暖花开,万物复苏,三月的风轻柔拂面,三月的天空广阔安详,三月的阳光温暖明媚。台湾蓝宝和海纹石承接这天地之间的祥和宁静之气,充满了包容与理解。愿您在今后的日子里,遨游于海天之间,追寻永恒的幸福。

——4 月生辰玉：和田玉

文 / 图：仇龄莉

"四月天气和且清，绿槐阴合沙堤平。"四月没有三月的清冷，没有五月的焦热，有的是柔情与和煦。清明时节霜雪已远去无踪，天地之间变得豁然开朗，人的心情也跟着明快起来。即使有些许小雨，打湿了人的发髻，却也更增添这季节的迷人之处。雨过天晴，天空会变得更加明净，树木庄稼也展现出勃勃生机，让人感觉像生活在诗情画意之中。

和田玉籽料原石

和田玉细致、温润、明洁、含蓄、内敛不张扬，有着玉特有的温度与气质，最符合四月的特质，因而我们将和田玉作为"四月生辰玉"，象征着永恒、仁爱、智慧、纯洁、美好。

古往今来，中华儿女与和田玉就有着不解之缘，文人墨客们更是对和田玉不吝赞美之词，"亭亭玉立"的美好姿态，"如花似玉"的姣好容颜，"冰清玉洁"的纯洁品质，"宁为玉碎，不为瓦全"的铮铮傲骨，"玉树临风"的潇洒风姿，"金玉满堂"的富足殷实……和田玉成为了人们心中美的化身。

孔子像

在广阔的中国大地上，和田美玉所代表的并不仅仅是装饰的美感，而是中华民族的根与魂，是中华文化自古以来的积淀，是博大精深东方文明的化身。

孔子在《礼记·聘义》一书中写道"夫昔者君子比德于玉焉：温润而泽，仁也；缜密以栗，知也；廉而不刿，义也；垂之如队，礼也；叩之，其声清越以长，其终诎然，乐也；瑕不掩瑜，瑜不掩瑕，忠也；孚尹旁达，信也；气如白虹，天也；精神见于山川，地也；圭璋特达，德也；天下莫不贵者，道也。"以玉之十一种美好品质来比喻君子的美德。

这"仁、知、义、礼、乐、忠、信、天、地、德、道"十一德为：温润有光泽，是仁；质地坚硬而致密，是知；玉有棱角而不伤人，是义；悬挂时沉稳端庄，是礼；敲击玉时，起音悠长，终了顿挫，体现了音乐的美感，是乐；光华不遮掩瑕，是忠；色彩光泽自内而发，是信；光耀仿佛白虹，汲取了上天的灵气，是天；凝结了大地的精髓，是地；玉制的圭璋被用于礼仪，是德；天下人都重视和珍爱玉，是道。

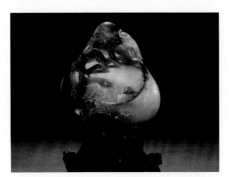

和田玉青花籽料《访友图》山子 张清雷

孔圣人将人与德通过玉连接起来，将"君子无故，玉不去身"展现得淋漓尽致。经过千百年来的传承，玉德已从"十一德"演化成当今的"五德——仁、义、智、勇、洁"。

和田玉因盛产于新疆南部的和田地区而得名，英文名称为 Nephrite 或 Hetian Yu。在古代，和田地区被称为"于阗"，意为"出产玉石的地方"。美丽温润的和田玉诞生于巍巍昆仑山脉，吸日月之精华，汇天地之灵气，称得上大自然的精灵。

和田玉（矿物名称为软玉）是以透闪石、阳起石为主要组成的矿物集合体。和田玉的折射率为 1.60~1.62（点测），相

山料　籽料

山流水　戈壁料

和田玉山料、籽料、山流水料以及戈壁料

对密度为 2.90~3.10，摩氏硬度为 6~6.5。 和田玉质地细腻，具毛毡状交织结构，以微透明为多，极少数为半透明，呈油脂光泽、蜡状光泽或玻璃光泽。

需要说明的是，根据国家标准（GB/T16552—2010），和田玉这一名词已不具地域概念，并非特指新疆和田地区出产的软玉，而是一类产品的名称，目前产出和田玉的地区主要有我国的新疆、青海、辽宁地区以及俄罗斯、韩国等。

和田玉根据其产出状态可分为山料、籽料、山流水料以及戈壁料，其中籽料表面常常带有皮色。

和田玉颜色丰富，种类繁多，常见浅至深绿色、黄色至褐色、白色、灰色、黑色。按颜色的不同可以将和田玉分为白玉、青白玉、青玉、碧玉、墨玉、青花玉、黄玉、糖玉等。

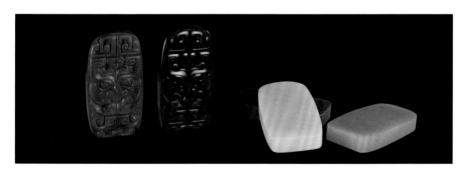

各色和田玉牌

和田白玉是和田玉中最具代表也最具盛名的玉种,最顶级的和田白玉被称为"羊脂白玉",即指像刚刚切开的肥羊脂肪一样洁白、油润、细腻,是白玉中质纯色白的极品,具备最佳光泽和质地。

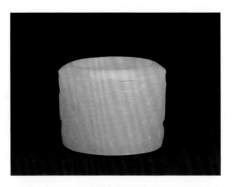

白玉福寿扳指 清代

和田玉产出的块度大小不同,造就了其玉器雕刻形制的各不相同:小到戒指(扳指)、耳饰、手镯来点缀佩戴;中有挂件、玉牌、把件来题诗作画,彰显气质;大至摆件、山子,描山画水、诗情画意供人赏玩。和田玉器种类各异,给予了玉石雕刻家们充分发挥的平台。

和田白玉籽料手镯

正如"一片冰心在玉壶"的诗意,与君子的品性德行互喻,君子如玉、玉如君子。因此,和田玉成为了国人最喜爱的传承之物:新婚夫妇以玉结缘,交换玉佩,代表了对彼此的忠贞坚守、至死不渝,成就一段"金玉良缘";家族长辈将伴随一生的玉佩传予下一代,传承的不仅是一块美玉,更是对家庭幸福、香火延续的美好愿望。

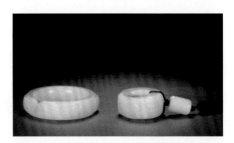

籽料《守护》套装 葛洪

在四月这个充满诗意的季节里,安静地享受阳光,以岁月为诗篇,以玉为永恒,将美好种入心田,将温暖播撒人间。四月生辰玉——"和田玉"承载着中华文化的美好愿景,为您带来内心的宁静与平和。愿您永远纯洁善良,从容淡定,让富有灵性的和田玉陪伴着您追求永恒的幸福吧。

——5 月生辰玉：翡翠

文 / 图：李擘

　　在北半球，五月是夏季的第一个月，英文 May 是源自罗马神话中专门司管春天和生命的女神玛雅（拉丁文 Maius）的名字。夏季，各类生物大都开始旺盛的生命活动，翡翠娇艳欲滴的绿色正与之相称，充满生机和朝气，将翡翠作为五月生辰玉，可谓恰如其分。

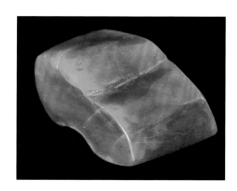

绿色翡翠原石

　　五月是万物生长的季节，春天初露的嫩芽，大多已变成了翠绿的新叶，显示着强大的生命力，绿色葱葱，一派生机勃勃的景象。绿色是大自然中最常见的颜色，有和平、友善、青春、繁荣等美好寓意。因此我们将绿色的翡翠作为"五月生辰玉"，象征名贵与高雅、幸福与兴旺。

　　中国人的爱玉历史可以上溯数千年，

漫长的历史构筑出中华民族璀璨夺目的玉文化殿堂。翡翠传入我国的时间虽然仅有几百年，但其丰富的色彩，千变万化的种质，优良的硬度和韧性，深受世界各地华人的喜爱，被世人誉为"玉石之王"。

　　翡翠是以硬玉或硬玉及钠铬辉石、绿辉石组成的矿物集合体。翡翠的折射率为1.66（点测），相对密度为3.25~3.40，摩氏硬度为6.5~7。翡翠常见的结构有纤维交织结构、粒状纤维结构，半透明至不透明，呈油脂光泽至玻璃光泽。

帝王绿翡翠

黄杨绿翡翠

豆绿翡翠

苹果绿翡翠

　　翡翠的颜色非常丰富，几乎涵盖了整个色谱的颜色。优质的翡翠似冰雪般纯洁无瑕，又似繁花般绚丽多彩，其中绿色系列的翡翠品种最为繁多，包括帝王绿、苹果绿、黄杨绿、豆绿、菠菜绿等多个品种。

　　翡翠的颜色经常可以呈点状或者是条带状分布，由比较深一些的颜色到相对较浅的颜色渐变过渡，深一些的颜色就称为色根。

翡翠的色根

评价翡翠的绿色通常可以用"正""浓""阳""匀"四个字来概括，色根的存在虽然可以作为判断翡翠颜色真伪的标志，但也导致颜色分布不均匀从而降低了翡翠的价值。

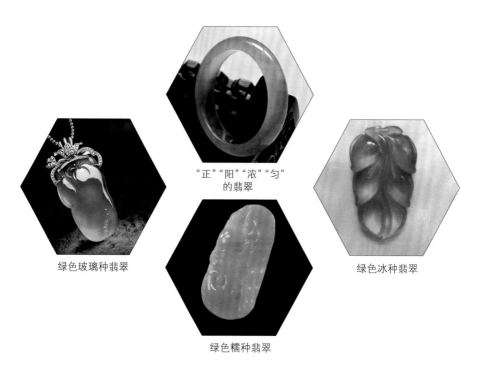

"正""阳""浓""匀"的翡翠

绿色玻璃种翡翠

绿色冰种翡翠

绿色糯种翡翠

翡翠是一个复杂多变的玉石品种，除颜色绚丽多彩外，其种质更是千变万化，人们对翡翠种质的命名形象生动地反映了翡翠的颗粒大小、致密程度及透明度的特点，如"玻璃种""冰种""糯种"等，其中"玻璃种"翡翠最为名贵，若翡翠集浓艳的绿色、细腻的质地和较高的透明度于一身，则堪称极品。

市场上翡翠饰品形制各异，包括戒面、手串、手镯、项链、挂件、摆件、山子等多种类型。消费者在购买翡翠饰品时，除注重翡翠的颜色和种质之外，还需要关注翡翠的加工工艺，应考虑其造型设计是否美观协调，雕刻与抛光是否细致完善，镶嵌工艺是否精湛等。

值得注意的是，许多翡翠饰品中，将翡翠作为主石，并通过宝石、贵金属进行拼镶，这将传统与现代、古典与时尚相结合，凸显出翡翠的艳丽奢华、娇贵妩媚。

自从翡翠在中国出现以来，无论是帝王，还是平民百姓，都对翡翠钟爱有加。人们对翡翠的迷恋源于它璀璨丰富的色彩之美、精美绝伦的工艺之美以及传承的玉文化之美。翡翠兼具玉石之温润和宝石之绚丽多彩，晶莹剔透又温柔内敛，蕴涵着神秘东方文化的灵秀之气，其雍容华贵、深沉稳重的气质正与中国传统玉文化的精神内涵相契合。佩戴翡翠，既是对自然之美的享受，也是对高尚品格和美好愿望的追求。

冰种满绿翡翠耳钉

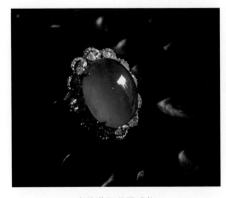

冰种满绿翡翠戒指

冰种满绿翡翠耳坠

——6 月生辰玉：孔雀石、水草玛瑙

文 / 图：吴帆 李佳

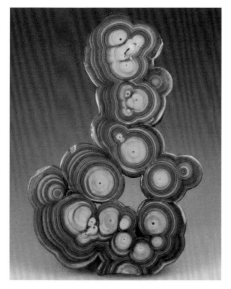

同心环状结构孔雀石

【孔雀石篇】

　　六月，太阳直射点逐渐北移，直至北回归线，预示着炎热将至。"遍青山啼红了杜鹃，荼蘼外烟丝醉软"，六月万物生长，满城娇艳旖旎的颜色中，最耐人寻味的却是那一抹从容舒张的夏绿，一如孔雀石的颜色，绿色是生命的色彩，象征着活力与希望。六月出生的人，有着平静、友善、善于倾听的性格。

　　● 孔雀石从何而来

　　《本草纲目》载："石绿生铜坑内，

乃铜之祖气也，铜得紫阳之气而绿，绿久则成石，谓之石绿。"这句话很好地解释了孔雀石的形成：在硫化物矿床的氧化带中，硫化物中的黄铜矿，在风化的过程中分解为蓝绿色的 $CuSO_4$ 和 $FeSO_4$，$CuSO_4$ 与富碳酸的水溶液或其他碳酸盐岩发生反应，由此便形成了孔雀石。

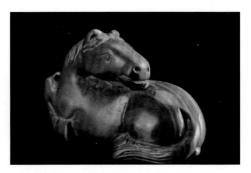
清代孔雀石卧马

世界上著名的孔雀石产地有赞比亚、澳大利亚、纳米比亚、俄罗斯、美国等，在中国境内孔雀石主要产于广东、湖北、江西、内蒙古、甘肃、西藏和云南等地，其中以广东阳春和湖北大冶铜绿山的孔雀石最有名。

● **孔雀石的历史**

古人发现将孔雀石放入火中高温煅烧，可以冶炼出铜金属，这是孔雀石被发现之初的用处。而后的数千年里，孔雀石作为一种美丽的矿物颜料成就了中国历史上一个个山水画大师，张大千、展子虔、王希孟等都将孔雀石巧妙地运用到他们的画作中，起到了锦上添花的作用。

张大千泼墨山水画

孔雀石在我国古代被称为"绿青""石绿""铜绿""青琅"，有着吉祥如意的寓意，人们有将孔雀石用来祛除邪恶、保护家人和自己平安的习俗。

● **孔雀石是什么**

孔雀石的英文名称是 Malachite，来自希腊语 Mallache，指一种叫锦葵的植物，原意为绿色。孔雀石的颜色、花纹、光泽都与孔雀尾羽上的斑点相似，故而得名孔雀石。

孔雀石的主要组成矿物为孔雀石，是含水的碳酸铜矿物，呈鲜艳的蓝绿色或绿色，常与蓝铜矿和硅孔雀石共生。可含微量 CaO、Fe_2O_3、SiO_2 等机械混入物，从而形成了不同颜色色调的杂质。孔雀石常呈纤维状集合体，集合体不透明，单晶体呈透明至半透明。

● **孔雀石的分类**

①孔雀石单晶 是指具有一定晶形的透明至半透明孔雀石单晶体，也称晶体孔雀石，多呈细长柱状、针状，且颗粒度较小，是所有孔雀石类型中罕见的品种。

②块状孔雀石 是指具葡萄状、同心层状、放射状和带状等千姿百态纹理的致密块状集合体，通常由浅绿色和深绿色互层显示同心环带构造，此类孔雀石在市场中最常见。

③青孔雀石 孔雀石还有一位好闺蜜——蓝铜矿，经常与它相伴相生，相映成趣。青孔雀石是孔雀石与蓝铜矿紧密结

孔雀石单晶

块状孔雀石

合构成的致密块状体。

④孔雀石观赏石 是指自然天成、形态奇特的孔雀石，通常可直接作为盆景，用于观赏。

● **孔雀石的评价**

孔雀石的评价要从颜色、花纹、质地、

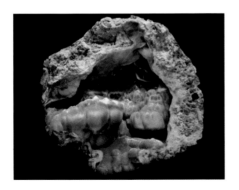

青孔雀石

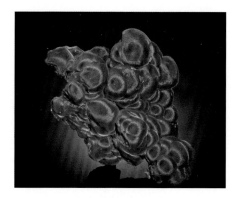

具有绒毛状的孔雀石

观赏石孔雀石

梵克雅宝孔雀石首饰

块度等方面进行评价。颜色好的孔雀石一般呈翠绿或墨绿色，或深或浅。作为首饰，要求孔雀石颜色鲜艳、纹理图案清晰美观、质地细腻、无杂质、款式设计新颖有美感；作为工艺品，以孔雀石质地均匀致密、细腻光洁、加工雕刻精美者为佳；作为孔雀石观赏石，其形状可分为肾状、钟乳状、皮壳状，并常伴有绒毛，块大完整者为佳。

钟乳状的孔雀石仿佛微缩的溶洞景观，不同长短柱状的孔雀石构成了重峦叠嶂、山石林立的特殊风景。

【水草玛瑙篇】

"接天莲叶无穷碧"的荷叶摇曳在六月的微风中，炎热的夏季恰好有绿色可解暑。满目的绿意盎然多少缺些灵气与禅意，而水草玛瑙的点点绿意点缀在清波中，为六月的我们带来一丝清凉与温馨的守护。

● 何谓水草玛瑙？

水草玛瑙作为玛瑙的一种，英文名称为 moss agate，化学成分为 SiO_2，市场上常称其为苔纹玛瑙、苔藓玛瑙或天丝玛瑙。水草玛瑙内部通常含有一些类似苔藓状或树枝状图形的包裹体，包裹体的颜色丰富多彩，多为绿色，也有黄色、红色或黑色掺杂其中，形成内部似"草"图案与其天然的纹理交相成趣，宛如水中飘摇的水草，

水草玛瑙手镯

婀娜多姿、蜿蜒缠绕、招摇伸展，荡漾在我们的心头，弥漫在我们的梦里……恰似一幅天然的风景画！

水草玛瑙天然风景画

● 水草玛瑙还是催生玉

传说六月 (June) 是来源于罗马神话中的一位女神"Juno"，她是司管生育和保护妇女的神，古罗马人对她十分崇敬，便把六月奉献给她。

古时候人们认为水草玛瑙是生育玉石，能够减轻产妇的痛苦，使分娩顺利进行，并且还能够使人摆脱精神上的阻碍和束缚，从而得到新生，因此，水草玛瑙是当之无愧的六月生辰玉。

● 皇家也喜爱水草玛瑙

水草玛瑙也有着尊贵的皇家血统，在皇家的器皿中也常出现水草玛瑙的身影。卢浮宫展出的许多器皿都采用了水草玛瑙材质，装饰性与实用性完美的结合，散发着高贵且神秘的气息。

● 奇特的形成过程

大自然是一个神奇的存在，总为我们带来惊叹。大多数人误以为玛瑙中的"水草"是我们日常所见的水草，但事实并非如此。

卢浮宫的水草玛瑙器物

较纯的 SiO_2 岩浆从地球深处冒出，恰巧路过了一个孔洞，便停下来歇了歇。结果，它发现自己竟然被粘住了，走不动了（温度下降，慢慢地冷却）。它想：既然走不了了，我只好在此安家了。然后，它开始慢慢地凝固。在它这个小宇宙中，除了 Si、O 之外，还有其他元素如 Fe、Mn 等也开始沉淀，逐渐形成"水草"。有的沉淀物呈现绿色，有的沉淀物则呈现黄色或红色，如翻滚的糖浆被凝固一般，"水草"在 SiO_2 质的"水中"舒展的身姿被固定了下来，形成美丽的花纹。

● 鉴赏小窍门

（1）辨真伪

水草玛瑙

市场上的水草玛瑙大多都是天然的，很少经过人工加热或染色处理，但也会存在往玛瑙内打孔充入暗色染料，从而形成奇特图案的个别现象。在选购水草玛瑙时，要特别注意其表面有无孔洞，是否有充填的可能。

（2）赏高低

选购水草玛瑙饰品时应注重的是颜

色、透明度及"水草"形态。如果透明度越高，水草的颜色越鲜艳，颜色搭配越协调，则价值越高。水草所构成的图案美观、寓意美好者为佳。

树枝状水草玛瑙

"一花一世界，一叶一菩提，"一块玛瑙一个故事。也许是哪位神灵，有意无意地把玛瑙当成了画纸，将所见的花花草草画在了上面，随手放在了河里山间，等待爱美的我们去找寻，去发掘，去欣赏。

"绿阴窗底蔚蓝光，习习清风入座凉。"六月到来，万物极尽华美。合欢花盛开，栀子花怒放，蔷薇满架……在旖旎的万花丛中最让人回味的却是那一抹幽深的夏绿，酷暑来时如服下一剂清凉，一如六月生辰玉孔雀石的颜色般清致迷人。让飘摇的水草驱散六月渐长的暑气，让充满灵气的水草玛瑙或装点颈间，或装点腕间，或装点指间，将清凉、舒爽带入您的心田。

水草玛瑙观赏石

水草玛瑙

龙胜玉中的"水草"

战国红玛瑙中的"水草"

黄龙玉中的"水草"

南红玛瑙中的"水草"

水草玛瑙摆件

——7 月生辰玉：战国红玛瑙

文 / 图：苟智楠

　　走进七月，才真正进入夏季，虽骄阳似火的炎热着实让人难熬，但七月又是美好的，它既点亮了橘园的"灯笼"，又喷香了水中的菱藕。七月带给我们的是丰收的前奏，是温暖的回味，如果用一种色彩来描绘七月，那一定是暖色系中的红色与黄色。在东方有"红尊黄贵"之说，红色象征吉祥、乐观与喜庆，黄色则代表富贵。那么将这种吉祥与富贵的色彩交织融合在一起的战国红玛瑙便当之无愧地成为"七月生辰玉"了。

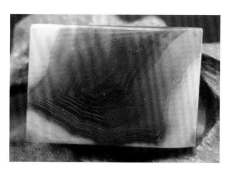

战国红玛瑙牌

　　战国红玛瑙，一种玉石界异军突起的新品种，其色彩上独特的红色与黄色使人不禁联想到疆土辽阔的华夏大地。我们作为龙的传人，看到它就会有祥和、喜乐的美好祝愿，这样一种充满中国味的玉石是上天赐给七月降生的人们最宝贵的礼物。

　　战国红玛瑙是隐晶石英质玉石的一

种，化学组成主要是 SiO_2，另外可有少量 Ca、Mg、Fe、Mn、Ni、Al、Ti、V 等元素的存在，显微粒状结构、显微纤维状结构，块状、团块状、条带状、皮壳状、钟乳状构造。战国红玛瑙的抛光平面可呈玻璃光泽、油脂光泽或丝绢光泽，断口一般呈油脂光泽，半透明至不透明，折射率常为 1.53 或 1.54（点测法）。由于结晶程度和所含杂质的影响，相对密度会有一定的变化，一般在 2.55~2.71，摩氏硬度为 6.5~7。

战国红玛瑙手镯

战国红玛瑙历经时间的洗礼与自然的雕琢，颜色浓艳纯正，质地光华内敛、温润娇嫩，纹理变幻莫测。它的奇妙在于每一件都独一无二，不仅具有超然的美感，同时兼具天然性与不可再造性，被誉为"天然的艺术品"。

赏玉论道，是一种心灵的启迪和升华。战国红玛瑙因其丰富艳丽的色彩，加之闪丝缠纹独特的魅力，使得战国红玛瑙并不需要过多的雕刻去表现就能凸显出它的自然美。

战国红玛瑙吊坠

战国红玛瑙最初发现于中国辽宁的北票地区，随后在河北宣化地区也发现了大量的战国红玛瑙，除以上两个主要产区之外，目前在国内还有山东、浙江、云南、内蒙古、新疆、安徽、江西等地，也有类似战国红玛瑙的产出。

经研究，我们发现辽宁北票的战国红玛瑙与河北宣化的战国红玛瑙在颜色、质地以及花纹上存在一定的差异，现总结如下。

辽宁北票战国红与河北宣化战国红玛瑙对比

类别	辽宁北票战国红玛瑙	河北宣化战国红玛瑙
原料外形	板状、块状	球形、近球形
赋存状态	不规则多角状、脉状	球形
颜色	多为鲜艳的红色、黄色，也有黑色、白色、紫色、绿色等，颜色界限明显、纯正明快	红色、黄色为主，较暗淡，颜色界限不明显，多有红色黄色混杂的过渡色
条带特征	条带颜色多变、结构细腻、宽窄多变，常呈角状相交，甚至可成平直状，丝绢光泽较强	多为同心圆状环带，少见角状相交，少较细的丝带，多为宽带，颜色丰富
质地	质地细腻，层次通透明显，杂质较少，有润感	质地多变，凝重感强，层次不明显
水草	少见水草，较为细碎，多存在于靠近围岩的部分	水草极为常见，形态完整多变，可从靠近围岩部分一直分布到内部

　　战国红玛瑙少见单一色彩的原石，其颜色光谱范围极广，颜色多姿多彩，常出现多种色调，其明度和饱和度变化多样。因此，对于战国红玛瑙颜色的评价，通常以颜

辽宁北票战国红玛瑙吊坠

宣化战国红玛瑙吊坠

色鲜艳、浓郁纯正且相对均匀、色彩搭配和谐美观为佳。

战国红玛瑙的结构多样，最具特征的是其飘逸美丽的纹带和折角突出的缠丝图案。对于战国红结构质地的质量评价，以条纹、图案美丽并具有美好寓意者为佳。

战国红玛瑙的条带主要为红色和黄色，并且红、黄两色有着广泛的色域，如黄色可以从浅黄、土黄到明黄、艳黄色，红色可以从暗红、棕红到橙红、鲜红色。战国红玛瑙的条带之间可为无色或为不同色调的红、黄、紫的过渡色，如此之多的颜色和复杂的缠丝相结合，形成了战国红玛瑙千变万化的特点。这样奇特多变的战国红玛瑙正像七月一样带给人们热情奔放的欢乐心境与对未来的无限希望。

多彩的七月，火辣、执着、坦诚，万物因你的火热而加快了成熟的脚步，因你甘露的调和而愉快地成长，因你的考验而知道了毅力和耐力对生命的含义，因你的变幻而得到更好的锤炼。让战国红玛瑙似火的热情陪伴你度过这美丽的艳阳天吧。

战国红玛瑙原石

——8 月生辰玉：岫玉

文 / 图：贾依曼

八月的色彩是阳光酿造的奇妙音符，如火焰一般的燥热，但是午后的静谧时光是人们心照不宣的秘密。阳光透过玻璃照进室内与我们相见，犹如旧友间的耳语呢喃，这般光景让我们感到内心的温凉，就像岫玉那醇厚的颜色，配合细腻、温润的质地，向世间展示着历史沉淀的儒雅力量，也使人们在这喧嚣浮世中感受到一抹宁静。

红山文化 C 形龙

【岫玉的美】

岫玉是指产于辽宁岫岩的蛇纹石玉。岫玉历史悠久，有着色泽美丽、质地细腻、气质高贵的特质。岫玉的美是一种浑然天成的美。我们所熟知的红山文化的C形龙，是中华民族文明起源和龙的传人的重要物证。岫玉那黄绿色泽，或沉稳厚重，或晶莹闪烁，与承载的文化内涵相得益彰。

历代留下的岫玉文物十分丰富：夏商周时期的"玉跪人"，战国时期的"兽形玉"，秦汉时期的"玉辟邪"，东晋时期的"龙头龟钮玉印"，南北朝时期的"兽形玉镇"，唐宋时期的"兽首形玉杯"，元代的"玉贯耳盖瓶"，明代的"龙头玉杯"，清代的"哪吒玉仙"……

【岫玉的基本性质】

岫玉可分为一般岫玉、花玉和甲翠。一般岫玉是指由90%以上蛇纹石组成的比较纯的玉石，数量最大；花玉是指蛇纹石玉在地表氧化带受风化淋滤作用，地表的 Fe^{3+} 溶液，沿着玉石的裂隙渗透、浸染、扩散形成黄褐色的褐铁矿或红色赤铁矿，从而使玉石被染上黄色、褐色或红色的斑块和条纹，形成多色的花斑状岫玉；甲翠

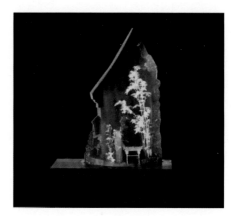

岫玉雕件

是由"假翠"改称而来的，该玉种是由绿色蛇纹石和白色透闪石混合组成的斑纹状玉石。

一般岫玉坚实而温润，细腻而圆融；花玉五彩绚丽，俏色巧绝；甲翠玉质白地绿花，玉色如翠似雪。

岫玉雕件

岫玉的颜色主要有黄绿色、深绿色、绿色、灰黄色、白色、棕色、黑色以及多种颜色的组合，其中颜色纯正（绿色至湖水绿色）、鲜艳而均匀者为佳。岫玉的组成矿物十分细小，质地较为细腻，为叶鳞片至纤维状变晶结构和纤维网斑状结构。岫玉的摩氏硬度为2.5~6，纯蛇纹石玉的硬度较低，在3~3.5，而当其中透闪石等混入物含量增高时，硬度会增大。岫玉的相对密度为2.57，折射率为1.56~1.57（点

测），蜡状光泽至玻璃光泽，半透明至不透明。

【岫玉的鉴定小窍门】

市场上的岫玉多为黄绿色、深绿色、绿色、花色等，质地较为细腻，通常肉眼很难分辨其颗粒，呈参差状断口，放大检查，内部可见黑色包裹体、白色云朵状或苔藓状包裹体。岫玉的硬度较低，易磨损，通常可以被小刀划动，手摸有滑感。

与岫玉相似的蛇纹石玉有产于甘肃省酒泉市的酒泉玉（又名"祁连玉"）、广东省信宜县的信宜玉（俗称"南方玉"）、昆仑山脉的昆仑岫玉、陆川县的陆川玉、四川省会理县的会理玉、山东省莒南县的莒南玉和泰安市的泰山玉、北京的京黄玉、青海省都兰县的都兰玉、中国台湾花莲县的台湾岫玉等。国外产出的有新西兰的鲍文玉、美国宾夕法尼亚州的威廉玉、朝鲜的朝鲜玉（又称"高丽玉"）、墨西哥雷科的雷科石等。这些产地的蛇纹石玉与岫玉的宝石学性质基本相同，但在颜色、质地、透明度上略有差异。

市场上还可见染色、充填与做旧处理的岫玉。

● **染色**

染色岫玉是通过加热淬火处理，使之产生裂隙，然后浸泡于染料中进行染色。染色岫玉的颜色会集中在裂隙中，放大检查很容易发现染料的存在。

● **蜡填充**

主要是将蜡充填于裂隙或缺口中，以

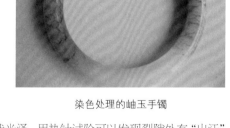

染色处理的岫玉手镯

改变样品的外观，充填的地方有明显的蜡状光泽，用热针试验可以发现裂隙处有"出汗"现象，同时可以嗅到蜡的气味。

● **"做旧"处理**

岫玉中质地较粗者常常用作仿古玉。做旧的方法有熏烤、强酸腐蚀、染色形成各种"沁色"，有的还会经过人工致残状来仿古玉。

【岫玉的评价】

岫玉料的评价主要从颜色、质地、透明度、净度、块度等方面进行评估。若是岫玉成品，则还要评价其加工工艺水平。颜色鲜艳纯正、质地细腻、内部瑕疵少、透明度高、块度大、雕刻与加工工艺精湛的岫玉价值较高。

【美丽的岫玉作品】

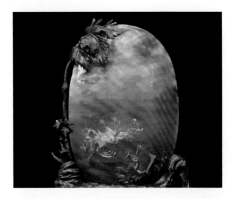 

岫玉是中华之瑰宝，其颜色绚烂多彩，儒雅的绿、醇厚的黄、沉稳的棕、神秘的黑……正是这些多姿多彩的颜色给予了玉雕师们无限的想象空间，将它们的美展现得淋漓尽致。

岫玉的美不仅仅只是在玉雕作品中展现，高品质的岫玉也常常被制作成一些精美的首饰，如岫玉手镯、岫玉挂件、岫玉吊坠等。温婉儒雅的岫玉作品，彰显着典雅而神秘的身份，散发着成熟而迷人的魅力。

岫玉那温婉儒雅的特质在炎热的夏季带给我们一丝的凉意，也为我们燥热的心带来一丝清凉；它更似一位谦厚的长者给予我们指引，带给我们内心的平静，也让处于市井纷扰的我们更加的波澜不惊。这正是我们在炎热的八月份所追寻的一种宁静，岫玉作为八月生辰玉，它们之间不仅是一种完美的融合，更是一种对安宁幸福的追求。几千年的传承，玉石的温润与儒雅赋予华夏民族安宁的品格，它们所代表的坚韧与平和是我们一生所追求的境界。

——9 月生辰玉：青金石

文 / 图：陈孝华

一年的时间悄悄溜走了大半，夏天的燥热还未褪尽，我们就迫不及待地奔向秋季，希望呼吸早秋的第一缕气息。早秋的九月属于蓝色，澄净而和睦。那是天空的颜色，阳光照耀的蓝天恬静、纯真，月光陪伴下的湛蓝夜空高贵、肃穆，星星集结着，汇成闪耀而浩大的游行……如果您还没来得及领略蓝宝石的深邃，青金石的那一份厚重的底蕴和沉稳的低调也许更适合来自东方的您。

青金石首饰

【青金石的传说与起源】

透着中西方千年历史的痕迹，也见证了朝代的浮沉起落，青金石作为九月的生辰玉，象征着威严和睿智，这种玉石在古代中国称为璆琳、金精、瑾瑜、青黛等，在佛教中称为吠努离或璧琉璃，属于佛教七宝之一，而蓝色在西方也是《圣经》中神之居所的颜色。

在《清会典图考》中称："皇帝朝带，其饰天坛用青金石"，我国清代四品官员的朝服顶戴上的宝石采用的也是青金石。

在《石雅》一书中也有关于青金石的详细描述："青金石色相如天，或复金屑散乱，光辉灿灿，若众星之丽于天也。"短短一句话将青金石的特点描述得淋漓尽致，"色相如天"也是对青金石最贴切的描述，苍穹之中交相闪耀着金色光芒，其光辉灿灿映入眼帘，直抵心底。

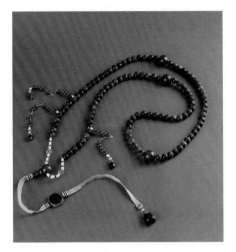

皇帝祭天朝珠

青金石首饰

【青金石的评价与鉴定】

我们常见的青金石是一种中至深微绿蓝色至蓝紫色的矿物集合体，除了青金石外还包含了方解石和黄铁矿。青金石的抛光面呈玻璃光泽至蜡状光泽，半透明至不透明，折射率 1.50 左右（点测），相对密度 2.50~3.00。青金石内含有的方解石和黄铁矿是帮助我们分辨青金石与其他宝

目光聚焦在巴比伦、埃及、希腊和罗马这些古代文明的发源地，在这里我们依然可以看到"色相如天"的青金石的影子，因为早在 6500 多年以前它就已经被奉为连接神与人的纽带，独特的文化特征给青金石披上了静谧的色彩，让它们作为安静的使者在历史的长河中传承。

图坦卡蒙面具镶嵌了大量的青金石

石或仿制品的好帮手。

方解石虽然能帮助我们鉴定青金石，但方解石的存在会使青金石的质量下降。不含肉眼可见的方解石，含有少量黄铁矿斑点的青金石就是我们俗称的"金格浪"，价值很高。但是如果黄铁矿含量太高的话同样会降低青金石的质量，使青金石看上去沉闷，颜色泛绿。最优质的青金石不含

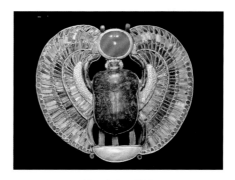

埃及青金石首饰

肉眼可见的方解石和黄铁矿，但是由异色矿物组成漂亮图案的青金石同样受到人们的欢迎，与颜色均匀的青金石相比，这样的青金石给了人们更多发挥想象力的空间。

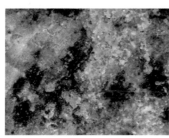 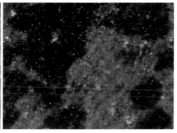

青金石中白色的方解石和金色的黄铁矿

青金石被誉为阿富汗的国石，自古以来，这个国家就是最优质青金石的产地，阿富汗所产出的青金石也被业内视为优质青金石的象征。除了阿富汗之外，智利、俄罗斯、加拿大、塔吉克斯坦等地也产出青金石。

购买青金石时，应选择质地致密、坚韧、细腻且颜色浓艳、纯正、均匀、略带紫的深蓝色青金石为佳，如果蓝色基底中交织过多白色方解石或金色的黄铁矿，就会影响颜色的浓度、纯正度和均匀度，其品质也会降低。

具有浓郁深蓝色的青金石

市场上的青金石饰品种类较多，除了原石摆件外，串珠类、戒面和雕件类饰品也较为常见。

青金石以其特有的颜色和质地带给我们浓厚、肃穆、高贵的感觉，不论它们以何种方式制成首饰配与九月的您，都希望九月的澄净与纯真伴随您的身旁，将这满怀的蓝色深情献于您，希望您的人生拥有油画般的细腻与风情，拥有属于自己的美丽风景。

阿富汗矿区

产自阿富汗的优质青金石

青金石饰品

——10 月生辰玉：独山玉

文 / 图：张欢

　　金秋十月，色彩斑斓，万象纷呈，天空高远而纯净，清爽的秋风为大地披上一件五彩霞衣，缤纷绚丽，红色、黄色、蓝色、绿色、青色……组成一幅巨大的美丽画卷，您可知道，秋天的美丽也同样存在于美景万千的玉石中。

　　因多彩的颜色、温润的质地、丰富的内涵与独特的雕琢工艺，独山玉被选为最能代表十月的玉石。独山玉总有独特的风景打动您：于色彩处，于质地间，映出气象万千；于巧雕处，于镂空间，透出人生百态。挨过了炎热，享受一年中最美的季节，寻到了微风拂晓，霞光万里，纵然前方尽是寒流，何妨，回眸浮现，读懂眼中的故事，是坚韧和乐观。接下来笔者邀您一同欣赏独山玉的魅力所在。

独山玉雕件《红妆素裹》

【独山玉韵春秋】

独山玉，因产于河南省南阳的独山而得名，又被称为"独玉"、"南阳玉"。独山玉的历史可以追溯到新石器时代（以南阳黄山遗址出土的玉铲为证），它与中原文化相伴而生，见证了中原文化的千秋风雨。

匠人将千秋百载之间中原人的质朴、坚韧与乐观用雕刻的工艺刻画得淋漓尽致，历史之事，随长河奔流至今。精湛的雕刻工艺造就了美妙绝伦的独山玉器，推陈出新，珍品迭出，在当代中国玉雕艺术的格局中独踞一方。

【独山玉之色彩美】

黝帘石化斜长岩复杂的矿物组成造就了独山玉色彩的丰富多样，变幻莫测，有绿、白、紫、红、黄、青、黑色等基本色调以及数十种混合色和过渡色，往往同一块玉料上会有多种色彩共存，因此独山玉有"多彩玉石"之称。

独山玉色彩艳丽、光泽度好、硬度较高，高档独山玉中的绿色品种可与翡翠相媲美。

值得注意的是，早期只有颜色鲜艳的独山玉被用作玉料加工成雕件，直到一件名为《妙算》的作品横空出世，作品惟妙

独山玉雕件《力量》

独山玉原石

俏色独山玉摆件《妙算》

惟肖，其细腻的质地以及绝佳的设计改变了人们对独山玉中黑白料的看法，使之一跃成为俏色雕刻的宠儿，开启了黑白料立体圆雕人物的创作之路，成为独山玉雕刻艺术道路上的一座里程碑。

【独山玉之鉴别】

独山玉中的绿独玉与市场上的绿色翡翠、东陵石、密玉、岫玉非常相似，可依据其宝石学特征进行鉴别。独山玉呈油脂至玻璃光泽，摩氏硬度6.5左右，相对密度为2.70~3.20，折射率1.56~1.70，微透明至半透明，粒状结构，性脆。

东陵石和密玉同属于石英质玉石，粒状结构，其折射率（1.53或1.54）和相对密度（2.65左右）均低于独山玉；翡翠为纤维交织状结构，相对密度（3.33）大于独山玉；岫玉颜色多为黄绿色，纤维网斑状结构，常有白色云朵状、苔藓状斑点或斑块，摩氏硬度（2.5~6.0）和相对密度（2.57）均低于独山玉，依此可进行鉴别。

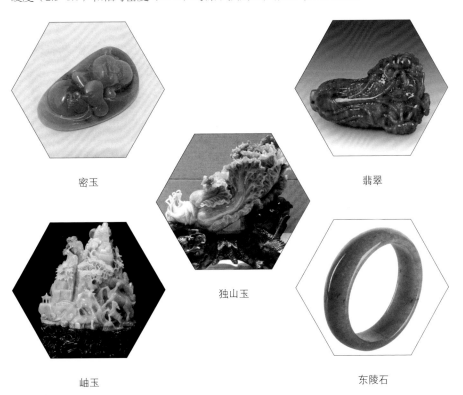

密玉

翡翠

独山玉

岫玉

东陵石

【独山玉之评价】

独山玉以"多彩玉石"著称于世，多作为玉雕材料应用。受内部结构及组成成分的影响，不同类型的独山玉在颜色、质地、透明度等方面存在着许多差异，通常要求其颜色鲜艳、质地细腻、致密、无裂纹并具有一定的块度。色彩斑斓者特别适宜制作成俏色玉雕作品。

独山玉雕《大唐飞歌》

在玉雕艺术的历史长河中，独山玉多采用圆雕、浮雕的雕刻技法，并结合俏色、镂空等工艺突出设计主题，因此设计得当、加工工艺精湛的独山玉俏色作品价值相对较高，多年来在国内的"天工奖"中屡获殊荣。

【独山玉"天工奖"作品欣赏】

2003 年银奖《捕》

2004 年最佳工艺奖《稻花香》

秋色醉人，五彩缤纷，莹润了十月，而独山玉的颜色同样变幻莫测、丰富多彩，它绿如翠羽、白如凝脂、赤如丹霞、蓝如晴空，让我们用独山玉的色彩来比拟祖国绵延的山峦、傲立的松柏、盛开的花朵、丰收的果实，还有那永不止息的河流吧！

独山玉丰富多彩的颜色是其他任何玉种无法比拟的，我们用它来代表色彩最为丰富、风景最为壮丽的十月再合适不过了。愿您在这风景如画的十月，圆一个属于自己的绚丽多彩的玉石梦！

——11 月生辰玉：黄龙玉

文 / 图：吴帆

十一月，天高云淡秋风吹，草木黄落雁南归。秋天来到后，翩翩黄叶辞枝而去，为萧瑟的秋风增添了一抹绮丽明亮的色彩。在感慨秋之美景的同时，我不由得想到了大自然将同样绚烂的颜色赋予了黄龙玉。十一月，窗外黄叶美景飞成阵，窗内"黄玉"美石相呼应。让我们一起领略十一月生辰玉——黄龙玉的神奇，体会深秋那一抹黄色带给人的收获与回味。

【黄龙玉的文化内涵】

在东方的传统文化中，"黄"是至高无上的颜色。"天地玄黄，宇宙洪荒，"天为玄色，地为黄色。阴阳五行"金木水火土"中"土居正中"，故黄为中央正色。黄为帝皇色，古代帝王以黄袍加身。黄又是黄河之象征，黄河是中华文化的发祥地。

黄龙玉手串

在农耕文明时黄色是土地的象征。中国人是黄种人，黄色是"炎黄子孙"的代表颜色。黄龙玉承载着中国上下五千年文化。黄龙玉作为十一月的生辰玉其颜色包含着审美与文化的双重意蕴。

2010 年左右在珠宝玉石界掀起了一股强劲的黄色风暴，黄龙玉作品屡获"天工奖"并逐渐为人们所熟知。黄龙玉因发现于云南龙陵，并具有美丽的黄色而得名。2004 年被发现之时，黄龙玉并不起眼，甚至品质好的黄龙玉可以论公斤销售。2005 年开始，在地方政府、协会和企业的共同努力下，黄龙玉身价一路飙升。随着近年来珠宝行业的发展，黄龙玉作为一种新锐玉种，已得到业内外人士的认可，可谓秀色关不住，美玉出云南。这来自云之南滇西的美玉征服了诸多珠宝爱好者。

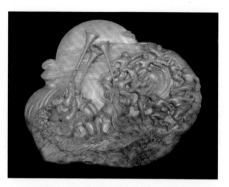

"天工奖"最佳创意奖《唱响中国》

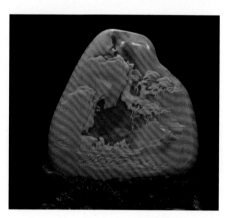

"天工奖"铜奖《夜游赤壁》

【黄龙玉的品种分类】

同翡翠、和田玉一样，黄龙玉的品种类别可按其产出状况进行划分。黄龙玉的产出状况从原生到次生，从矿脉到河流，依次可分为山料、草皮料、山流水和籽料。

（1）山料：产出于原生矿脉，呈块状，棱角分明的黄龙玉。

（2）草皮料：是指山料受自然风化后因重力散落在矿脉周边的表层坡积物，呈块状，表面有风化磨蚀的痕迹，通常会在草丛中被发现。

黄龙玉

黄龙玉草皮料

（3）山流水：又称半山半水料，矿脉受自然剥蚀后，受到河流的搬运作用，经运移后，离原生矿有一定距离，磨圆程度较差。

（4）籽料：黄龙玉山料经风化、剥蚀后又受到流水的搬运和侵蚀，远离原生矿脉，磨圆度好，表面光滑，多为卵石状，有皮壳，玉质细腻。

【黄龙玉的鉴定】

黄龙玉山流水

黄龙玉籽料

黄龙玉是以二氧化硅（SiO_2）为主的隐晶质矿物集合体，其颜色以黄为主，常因含铁、锰、铝等金属矿物及其他微量元素，兼有红、白、黑、灰、绿色等颜色。黄龙玉点测折射率为 1.52~1.54，相对密度为 2.60~2.66，摩氏硬度为 6.5~7，不透明至半透明。

【黄龙玉的评价】

黄龙玉与众不同的魅力在于其美丽的黄色和细腻温润的质地。黄龙玉的黄色可分为橘黄、橙黄、明黄、鸡油黄、清油黄、栗黄、米黄色等，颜色以色浓、纯正为佳；黄龙玉的质地以结构细腻，无杂质，无白棉与绺裂为上品。

黄龙玉为显微纤维隐晶质结构，通常

黄龙玉笔洗

籽料的结构细腻，质地温润；山料结构较
粗，有些可有透明度、结构不同的脉状石
筋，价值不如籽料高。

　　值得说明的是，有些黄龙玉颜色均匀、
纯正，透明度较好，可切磨成弧面，镶嵌
成不同的首饰品种，被称为"宝石级"黄
龙玉。

"宝石级"黄龙玉

"水草花"黄龙玉

　　还有一些黄龙玉，因其矿脉周围的土
壤中含有 Mn、Fe 等矿物质，在构造应力
的作用下，Mn、Fe 等离子随着地下水渗
入地下，并填塞在黄龙玉的绺裂中，久而
久之便形成了类似水草的花纹，被称为"水
草花"黄龙玉。黄龙玉中的"水草花"姿
态万千，或为烟霞流云或为古藤老树，或
为天上人间或为海底世界，在黄龙玉饰品方寸间，充斥着浪漫的诗情，饱含着灵巧的
画意，颇具美感。

【黄龙玉的产地】

　　不要以为只有中国云南出产黄龙玉，相同的美玉在缅甸、非洲地区也被发现了，

缅甸黄龙玉手串

非洲黄龙玉挂件

在市场上分别被称为"缅甸黄龙玉"与"非洲黄龙玉"。

【黄龙玉作品赏析】

　　从淡淡的米黄色到浓郁的明黄色，黄龙玉的色调像被阳光亲吻过一样温暖，完美地演绎着深秋的风韵与成熟。黄龙玉被用作十一月生辰玉，代表着富贵与生机，黄龙玉颜色鲜明，具有诱人的魅力，伴着十一月出生的人迎接明媚的阳光。

——12 月生辰玉：绿松石

文 / 图：鲁智云 陈孝华

　　十二月的风，裹挟着寒意，远处蔚蓝的天空，是那么的明净澄澈，纵使一颗石子投向心湖，也不过泛出几道涟漪，凡尘俗事，尽忘诸脑后……这不正是绿松石给人的感觉吗？——从骨子里透着一股高贵、宁静、沉稳的贵族气质。

　　绿松石，或称"松石""甸子"，章鸿钊在《石雅》中提到，"此或形似松球，色近松绿，故以为名"，意即绿松石因其外形像松球，而颜色近似松绿色而得名。

美国"睡美人"绿松石原石

　　不像彩色宝石那样光芒万丈，绿松石有着柔和的蜡状光泽或玻璃光泽，多呈浓郁纯净的蓝绿色或蓝色，少部分呈浅绿色、黄绿色等颜色。

【绿松石的历史】

　　绿松石具有悠久的历史，是中华文明

的见证者之一。早在新石器时期绿松石就为我们先人所用，自新石器时代以后亦有不少绿松石制品文物出土，在河南郑州大河村仰韶文化（距今 6500~4000 年）遗址出土的文物中，就有两枚绿松石鱼形饰物；二里头文化遗址中，也有大型绿松石龙形器出土；而最具代表性的则是 1965 年湖北江陵出土的越王勾践剑，其剑格背面镶有绿松石，精美绝伦。

越王勾践剑上的绿松石饰品

在中国，绿松石是只有王室贵胄才能使用的玉石，在世界范围内，绿松石也备受欢迎。

绿松石有一个美丽的英文名叫 Turquoise，又称"土耳其玉"，但土耳其并不产绿松石，传说是因古代波斯（即今天的伊朗）产的绿松石是经土耳其运进欧洲而得名。除伊朗之外，出产绿松石的国家还有美国、埃及、俄罗斯、中国等，中国的绿松石产地主要集中在鄂、豫、陕交界处，另外新疆、安徽也有产出。

镶嵌有绿松石的图坦卡蒙法老黄金面具

据考证，埃及国王早在公元前 3100 年就已经开始使用绿松石，与此相关出土的最著名的文物是图坦卡蒙法老的黄金面具。《出埃及记》第 28 卷记载，犹太大祭司的胸牌中便镶嵌有绿松石。

古代波斯人相信清晨第一眼看到的若是绿松石，就代表你这一天会过得很好，因此绿松石代表着成功和幸运。人们还将绿松石视为护身符，常常在脖子上佩戴天蓝色的绿松石来避开厄运。

对于美国印第安人来说，像天空一般的绿松石也是只有贵族才能使用。美国的印第安遗址中，经常会出土大量的绿松石，其中很多绿松石到今天也保存得非常完好。

【绿松石的鉴别】

绿松石是一种含水的铜铝磷酸盐，其漂亮的蓝色由绿松石中的铜离子导致，而铁离子和水的存在会引起色调的变化。有了铁离子的参与，绿松石的蓝色中就会掺入黄色，随着铁离子的增多，绿松石逐渐变为绿色直至黄色；当绿松石失去结构中的水分时，其颜色就会变浅甚至消失，变为灰色。

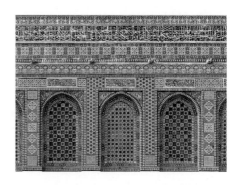

耶路撒冷圆顶清真寺上的绿松石装饰

铁线绿松石，表面含有暗色基质

绿松石通常呈蜡状至玻璃光泽（质地疏松者可呈土状光泽），其折射率的范围在1.61~1.65（点测），折射率的高低与绿松石中铁离子的含量及致密程度有关。绿松石的摩氏硬度通常为5~6（疏松者可低至3），其相对密度为2.76，绿松石的硬度和密度会随着结构的致密程度上下波动。放大检查可见暗色基质，呈黑色斑点或铁线。

三水铝石、硅孔雀石、天河石，还有一些染色的矿物通常会被用来冒充绿松石。天河石具有典型的格子双晶，呈现交错的斑驳图案，光泽也为玻璃光泽。硅孔雀石和三水铝石是最难与绿松石分辨的矿物，肉眼很难区分，很多时候我们要借助红外光谱的手段来辨别它们。染色的矿物很好辨别，放大检查能够看到其颜色明显富集在粒隙和裂隙处。

与仿制绿松石相比，更复杂的是绿松石的优化处理。绿松石常用的优化处理手段有浸蜡、注塑、染色、扎克里处理法等。因为天然能够达到瓷松品质的绿松石非常稀少，

染色菱镁矿 | 天河石 | 硅孔雀石 | 三水铝石

所以人们不得不借助其他手段来优化更多质量稍差的绿松石。浸蜡是最常见的手段，一般绿松石加工时就会稍稍浸蜡，这是为消费者所接受的，但是注塑就要另当别论了。注塑的绿松石光泽暗淡，而且塑料容易老化，但随着技术的提升，新型的经过注塑的绿松石已经改善了塑料老化后绿松石颜色变黄的问题。

以上这两种方法凭借经验和大型仪器都可以鉴定出来，而扎克里法处理的绿松石颜色为天蓝色，结构致密均一，就像是天然顶级的绿松石一样，只有通过 X 射线荧光光谱才能检测出来。

合成绿松石非常好辨认，合成绿松石的颜色非常呆板，浅色基底中可以看到浅蓝色细小微粒，人造铁线只存在于表面，形态较生硬，没有天然铁线内凹，走向千变万化的特点。再造绿松石则是由天然绿松石颗粒和其他物质胶结形成，可以观察到粒状的边界及深蓝色染料颗粒。

【绿松石的评价及养护】

绿松石的评价，最重要的是颜色。颜色要均匀、鲜艳，绿松石最好的颜色是天蓝色，其次是深蓝色、蓝绿色、绿色、灰色、黄色。另外，绿松石一定要致密，因为致密度不但影响了绿松石的颜色、光泽，更影响了绿松石的耐久程度，根据其致密度我们将绿松石分为瓷松、面松、泡松。致密的瓷松即便经过了几十年依旧美丽如

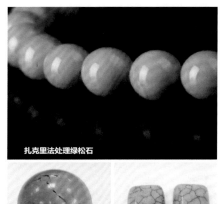

扎克里法处理绿松石

染色和注塑的绿松石 | 合成绿松石

初，面松和泡松为了保证加工时的安全和之后的佩戴一般会通过一些优化处理手段（如浸蜡、注塑）来加固。

"睡美人"绿松石之所以闻名，就是因为它漂亮纯净、没有一丝杂质的蓝色。绿松石有时因为含有其他杂质矿物在表面会呈现出白色的斑块或是黑色的斑点或铁线，这些杂质会影响绿松石的外观和质量，但是当铁线呈现出优美的图案时，也会为绿松石添色不少。

带有漂亮铁线的绿松石胸针

谁不想拥有一颗这样美丽的绿松石呢？除了选择品质好的绿松石外，日常的精心养护也不能忘，这样才能使绿松石的美丽延续下去。绿松石是一种容易失水同时具有多孔性的宝石，所以我们既不能把绿松石放在靠近高温或者过分干燥的环境中，也不能把绿松石泡在水中。因为绿松石的硬度比较低，所以保存绿松石的时候最好将它与其他种类的珠宝分开，或者用绸布包裹起来保存。

拿破仑王冠

此外，绿松石也极易受到其他物质的污染，要远离带有颜色的试剂或者化学制品，也包括女士使用的香水、化妆品等。清洁绿松石最好使用软布擦拭，千万不能使用蒸汽或者超声波清洗仪。

【绿松石首饰赏析】

拿破仑于 1814 年在婚礼上送给他第二任妻子的礼物，其上的绿松石由梵克雅宝购买后镶嵌，现收藏于美国华盛顿的国家自然历史博物馆中。

这顶镶有绿松石的王冠是英国的泰克公爵和夫人送给女儿玛丽与乔治五世的结婚

礼物，制作于 1893 年。

现代生活中绿松石的珠串饰品更为常见，男士们则偏爱绿松石制作的雕件、手把件。绿松石既可以粗犷质朴、秉性自然，又可以典雅高贵、韵味无穷，因此深受古今中外的宝玉石爱好者喜爱。

晚来天欲雪，能饮一杯无？十二月，万物都在沉睡着，正等着被唤醒！这个冬天蕴蓄着一年的收获，蛰伏着新一年的希望，数九隆冬，银装素裹，鲜艳的绿松石自然是心中的希望，相信代表成功与幸运的绿松石定会给您的十二月带来好运气。

泰克公爵绿松石皇冠

绿松石钻石耳饰（David Webb）

绿松石、珍珠、钻石胸针

绿松石山子

附录 1

生辰石一览表

月份	生辰石		象征
一月	石榴石		信仰、坚贞、纯朴
二月	紫水晶		诚实、纯真的爱情
三月	海蓝宝石		沉着、勇敢、智慧
四月	钻石		恒久真爱
五月	祖母绿		爱和生命
六月	珍珠、月光石		健康、纯洁、富有、幸福
七月	红宝石		高尚、爱情、仁爱
八月	橄榄石		和平、幸福、安详
九月	蓝宝石		高贵、恬静、纯真
十月	欧泊、碧玺		希望、纯洁、快乐
十一月	托帕石		友谊、忠诚和爱情
十二月	坦桑石		希望、高贵、成功

注：根据 2015 年国际彩色宝石协会（ICA）所发布的"生辰石"改编。

114

附录 2

生辰玉一览表

月份	生辰玉		象征
一月	南红		热情、幸福
二月	大同紫玉、舒俱来		浪漫、典雅
三月	台湾蓝宝、海纹石		沉稳、恬静
四月	和田玉		高洁、仁义
五月	翡翠		高雅、端庄
六月	孔雀石、水草玛瑙		青春、希望
七月	战国红		吉祥、繁盛
八月	岫玉		温婉、儒雅
九月	青金石		威严、庄重
十月	独山玉		坚贞、睿智
十一月	黄龙玉		财富、友谊
十二月	绿松石		幸运、成功

附录3

生肖石一览表

生肖	生肖石	
鼠	石榴石	
牛	海蓝宝石	
虎	蓝宝石	
兔	珍珠	
龙	紫水晶	
蛇	蛋白石	
马	托帕石	
羊	祖母绿	
猴	橄榄石	
鸡	黄水晶	
狗	钻石	
猪	红宝石	

注：据 "Thailand's Gems&Jewelry Guide Book"